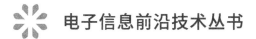

电子信息前沿技术丛书

Practical
MATLAB
Deep Learning
A Project-Based Approach

实用
MATLAB
深度学习
基于项目的方法

［美］迈克尔·帕拉斯泽克（Michael Paluszek）

［美］斯蒂芬妮·托马斯（Stephanie Thomas）　著

罗俊海　译

清華大學出版社
北 京

北京市版权局著作权合同登记号 图字：01-2021-0141

First published in English under the title

Practical MATLAB Deep Learning：A Project-Based Approach

by Michael Paluszek，Stephanie Thomas

Copyright © 2020 by Michael Paluszek，Stephanie Thomas

This edition has been translated and published under licence from

APress Media，LLC，part of Springer Nature.

to be reproduced exactly as it appears in the original work（与原始保持一致）

图书在版编目(CIP)数据

实用 MATLAB 深度学习：基于项目的方法/(美)迈克尔·帕拉斯泽克(Michael Paluszek),(美)斯蒂芬妮·托马斯(Stephanie Thomas)著；罗俊海译.—北京：清华大学出版社,2021.2(2024.3重印)

(电子信息前沿技术丛书)

书名原文：Practical MATLAB Deep Learning：A Project-Based Approach

ISBN 978-7-302-56764-6

Ⅰ.①实… Ⅱ.①迈… ②斯… ③罗… Ⅲ.①Matlab 软件 Ⅳ.①TP317

中国版本图书馆 CIP 数据核字(2020)第 211856 号

责任编辑：文　怡
封面设计：王昭红
责任校对：李建庄
责任印制：杨　艳

出版发行：清华大学出版社
　　　　网　　　址：https://www.tup.com.cn，https://www.wqxuetang.com
　　　　地　　　址：北京清华大学学研大厦 A 座　　　　　邮　　编：100084
　　　　社 总 机：010-83470000　　　　　　　　　　　邮　　购：010-62786544
　　　　投稿与读者服务：010-62776969，c-service@tup.tsinghua.edu.cn
　　　　质量反馈：010-62772015，zhiliang@tup.tsinghua.edu.cn
　　　　课件下载：https://www.tup.com.cn，010-83470236
印 装 者：天津鑫丰华印务有限公司
经　　销：全国新华书店
开　　本：186mm×240mm　　印　张：15.5　　　　　字　　数：350 千字
版　　次：2021 年 2 月第 1 版　　　　　　　　　　 印　　次：2024 年 3 月第 3 次印刷
印　　数：3701～4200
定　　价：69.00 元

产品编号：088002-01

译者序
FOREWORD

人工智能包罗万象,包括场景理解、知识表达、融合决策、智能优化、预测规划、数据挖掘、自然语言处理、机器学习、计算机视觉、逻辑判别、模糊控制和信息物理系统等。《实用MATLAB深度学习——基于项目的方法》由全球知名的两位专家 Michael Paluszek 和 Stephanie Thomas 撰写,是深度学习领域基于实际项目的畅销教材。本书出版后,好评如潮,得到相关领域内众多学者和工程师的广泛关注。本书内容翔实,逻辑清晰,图文并茂,是一本不可多得的人工智能教科书。

本书完整展示了多种深度神经网络(FNN、CNN、RNN 等)在一系列分类和回归问题中的应用,有助于读者认识不同神经网络的结构特点和适用性;图文并茂地描述特定工程领域的数学建模和理论推导过程,帮助读者理解工程问题和对应仿真代码;详述不同应用场景的数据生成过程,包括特征字段的选择和赋值,有助于启发工程师创建多样的数据以验证模型性能。

本书理论联系实际展示了深度学习工具解决实际问题的能力,使用 MATLAB 机器学习工具箱进行深度学习技术实践,并应用于多样的应用领域。本书适合各类读者阅读,特别适合相关专业的本科生或研究生,以及在实际产品或平台中进行深度学习应用和开发的工程师。

在这里,要感谢清华大学出版社的领导和编辑们,特别感谢文怡对我的信任和理解,把这样一本好书交给我翻译。我也要特别感谢我的研究生吴蔓、陈燕平、杨阳、王芝燕、田雨鑫、陈瑜等的辛勤工作,他们的责任心和独立工作能力让我倍感欣慰,因此得以从容。

由于译者无论是中文还是英语能力都深感有限,见闻浅薄,唯恐译文还是有些生硬,特别担心未能全面地理解和传达作者的真实想法和观点。因此,我们希望具有条件的读者结合英文阅读本书,也非常期待大家批评指正,以便今后进一步修订完善译著,不胜感激。

2020 年,这一年,四季轮回,一起拼过的春夏秋冬,仿佛就在眼前,感恩时光厚爱,热爱漫无边际。

译者

2020 年 12 月

目 录
CONTENTS

什么是深度学习

1.1 深度学习

深度学习是机器学习的一部分,而机器学习本身又是人工智能和统计学的一部分。人工智能研究开始于第二次世界大战后不久[24],其早期的工作建立在大脑结构、命题逻辑和图灵计算理论的知识基础之上。Warren McCulloch 和 Walter Pitts 基于阈值逻辑为神经网络创建了数学模型,这使神经网络研究可以分为两种方法:一种以大脑中的生物过程为中心;另一种以神经网络在人工智能中的应用为中心。研究证明,任何函数都可以通过一组神经元来实现,且神经网络可以进行学习。1948 年,Norbert Wiener 的《控制论》出版,其中描述了控制、通信和统计信号处理的概念。神经网络研究领域的下一个重大步骤是 Donald Hebb 在 1949 年出版的《行为的组织》一书,这本书将连接性与大脑中的学习联系起来,他的书后来成为机器学习和自适应系统的基础。Marvin Minsky 和 Dean Edmonds 于 1950 年在哈佛大学开发了第一台神经计算机。

最初的计算机程序以及现在的绝大多数计算机程序,都由程序员将知识构建在代码中。程序员可能会使用庞大的数据库,例如创建飞机模型可以使用的空气动力学系数的多维表,这样生成的软件就会对飞机非常了解,并且运行模型的仿真可能会给程序员和用户带来惊喜。需要注意的是,数据和算法之间的程序关系是由代码预先确定的。

在机器学习中,数据之间的关系由学习系统形成。数据以及与数据相关的结果是学习系统的输入。这就是系统训练:机器学习系统将数据与其结果相关联,当引入新数据时,它可以得出训练集中没有的新结果。

深度学习是指具有一层以上神经元的神经网络,但“深度学习”这个词有着更深刻的含义。在主流文献中,它被用来暗示学习系统是一个“深度思考者”。图 1.1 显示了一个单层网络和一个多层网络。事实证明,多层网络可以学到单层网络无法学到的东西。网络的基本元素是节点、权重和偏置。在节点处,信号被聚合起来,且添加了偏置。在单层网络中,将各输入首先乘以相应的权重,然后通过阈值函数,最后累加在一起。在多层或深度学习网络中,输入数据在成为输出之前先在第二层进行组合。多层网络的权重参数更多,并且更多的连接允许网络去学习和解决更复杂的问题。

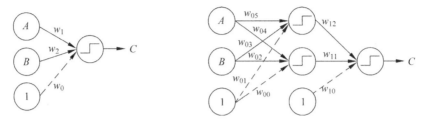

图 1.1　两个神经网络(右边是一个深度学习网络)

机器学习算法有很多类型,任何能够根据来自环境的不同输入进行调整的计算机算法都是一个学习系统。以下是部分机器学习类型:

(1) 神经网络(深度学习或其他);

(2) 支持向量机;

(3) 自适应控制;

(4) 系统识别;

(5) 参数辨识(一定情况下可能与上一个相同);

(6) 自适应专家系统;

(7) 控制算法(比例积分微分(PID)控件在其积分器中存储有关常数输入的信息)。

有些系统使用预定义的算法并通过拟合算法的参数来学习,其他系统则完全基于数据创建出一个模型,深度学习系统通常属于后一类。

在 1.2 节中将简要介绍深度学习的历史,然后介绍两个示例。

1.2　深度学习的历史

1969 年,Minsky 与 Seymour Papert 一起撰写了《感知器》一书,这是对人工神经网络的早期分析成果,推动了人工智能(AI)向符号处理发展。该书指出,单层神经元无法实现某些逻辑功能,例如"异或"(XOR),但是却错误地暗示了多层网络也具有相同的问题。后来人们发现三层网络可以实现这种功能(异或),我们在本书中也给出了 XOR 解决方案。

多层神经网络于 20 世纪 60 年代问世,但直到 20 世纪 80 年代才真正被重新研究。20 世纪 70 年代,学术界引入了使用竞争学习的自组织图[14]。20 世纪 80 年代,神经网络领域掀起了第一次复兴。基于知识或"专家"的系统也在 20 世纪 80 年代被引入。下面这段话来自杰克逊(Peter Jackson)[16]:

专家系统是一种计算机程序,它代表一些专业领域的知识并据此进行推理,以解决问题或提供建议。

——彼得·杰克逊,《专家系统简介》

神经网络的反向传播是一种使用梯度下降的学习方法,在 20 世纪 80 年代被重新提出,从而让该领域有了新的进展。关于人类神经网络(即人脑)和高效的计算性神经网络算法的创建的研究都开始了,后者最终发展出机器学习应用中的深度学习网络。

随着 AI 研究人员开始运用严格的数学和统计分析来开发算法,机器学习在 20 世纪 80 年代取得了进展。隐马尔可夫模型被用于语音研究中,隐马尔可夫模型是具有无法观察到的(即隐藏)状态的模型。和海量数据库结合起来,隐马尔可夫模型使语音识别功能更加鲁棒,同时也使机器翻译得到了改善。数据挖掘是当今众所周知的第一种机器学习形式。

20 世纪 90 年代初期,Vladimir Vapnik 及其同事发明了一种计算功能强大的监督学习网络,称为支持向量机(SVM)。SVM 可以解决模式识别、回归和其他机器学习问题。

在过去的几年中,深度学习发生了爆炸式增长。人们开发了可以使深度学习更易于实现的新工具,比如 TensorFlow(可从 Amazon AWS 获得)。TensorFlow 使得在云端部署深度学习变得容易,其包含了强大的可视化工具;还允许在间歇地连接(不是一直连接)到 Web 的机器上部署深度学习。IBM Watson 是另一个工具,它允许使用 TensorFlow、Keras、PyTorch、Caffe 和其他框架,所有这些框架使得深度学习几乎可以部署在任何地方。Keras 是一个流行的深度学习框架,可以在 Python 中使用。

本书将介绍基于 MATLAB 的深度学习工具。这些强大的工具将使读者可以通过创建深度学习系统来解决许多不同的问题。此外,我们也将 MATLAB 深度学习应用于从核聚变到古典芭蕾舞等各种各样的问题中。

在介绍示例之前,会给出一些有关神经网络的基础知识。首先,将介绍神经元的背景,以及人造神经元如何代表真实的神经元。然后,我们会设计日光探测器,并处理著名的 XOR 问题(此问题在一段时间内使得神经网络的研究处于滞停状态)。最后,将讨论本书中的示例。

1.3 神经网络

神经网络是实现机器"智能"的一种流行方法,其思想是神经网络的行为与大脑中的神经元类似。在本节中,我们将探索神经网络是如何工作的,并且展示一些例子。首先从最基本的思想即从使用单个神经元开始,然后逐步发展到多层神经网络。我们也将展示如何使用神经网络去解决或预测问题,这是神经网络的两种用途分类和预测之一。我们将从一个简单的分类示例开始。

　　首先介绍一个具有两个输入的单个神经元,如图 1.2 所示。该神经元具有输入 x_1 和 x_2、一个偏置 b、权重 w_1 和 w_2,以及单个输出 z。激活函数 σ 把加权后的输入作为它的输入,产生网络输出。在图 1.2 中,我们为神经元内的乘法和加法步骤显式添加了图标,但在图 1.1 典型的神经网络图中,表示加法和乘法运算的图表都被省略了。

$$z = \sigma(y) = \sigma(w_1 x_1 + w_2 x_2 + b) \tag{1.1}$$

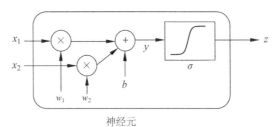

图 1.2　有两个输入的神经元

　　我们把这个神经元与图 1.3 展示的真实神经元进行比较。真实的神经元通过树突具有多个输入,图中的分支表明多个输入可以通过同一个树突连接到细胞体。每个神经元都有一个输出,通过轴突实现,信号从轴突通过突触传递到(另一个神经元的)树突。

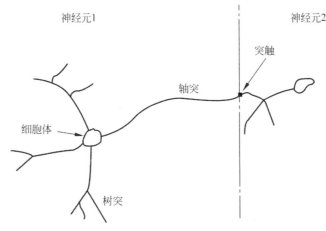

图 1.3　一个连接到另一个神经元的神经元(一个真正的神经元可以有多达约 10 000 个输入)

有很多常用的激活函数,这里展示了三个:

$$\sigma(y) = \tanh(y) \tag{1.2}$$

$$\sigma(y) = \frac{2}{1 - e^{-y}} - 1 \tag{1.3}$$

$$\sigma(y) = y \tag{1.4}$$

带指数计算的公式[式(1.3)]被归一化并从零开始偏移,因此它的取值范围是 $-1 \sim 1$;

式(1.4)叫作线性激活函数,只是简单地传递 y 的值。脚本 OneNeuron.m 中的代码使用输入 q,计算并绘制了这三个激活函数,如图 1.4 所示。

OneNeuron.m

```
1  %% Single neuron demonstration.
2  %% Look at the activation functions
3  y        = linspace(-4,4);
4  z1       = tanh(y);
5  z2       = 2./(1+exp(-y)) - 1;
6
7  PlotSet(y,[z1;z2;y],'x label','Input', 'y label',...
8    'Output', 'figure title','Activation Functions','plot title',
         'Activation Functions',...
9    'plot set',{[1 2 3]},'legend',{{'Tanh','Exp','Linear'}});
```

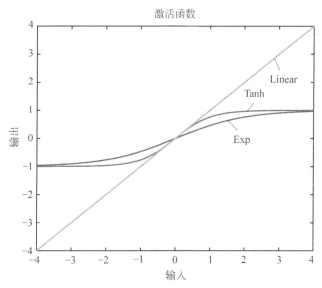

图 1.4 OneNeuron 脚本中的三个激活函数

饱和或达到一定输入值的激活函数,其输出将恒定或者变化非常缓慢,以此建模具有最大放电率的生物神经元。这些特殊的函数还有助于学习良好的数值特性。

图 1.5 展示了单个输入的神经网络。这个神经元进行的计算是

$$z = \sigma(2x + 3) \tag{1.5}$$

其中,单个输入 x 的权重 w 为 2,偏置 b 为 3。如果激活函数是线性的,则神经元就是 x 的线性函数:

$$z = y = 2x + 3 \tag{1.6}$$

神经网络确实经常在输出层中使用线性激活函数,但却是非线性激活函数赋予了神经网络独特的能力。

输出结果如图 1.6 所示,使用了前面的激活函数以及脚本 LinearNeuron.m 中的阈值函数。

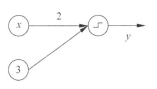

图 1.5 权重 $w=2$,偏置 $b=3$ 的单输入神经网络

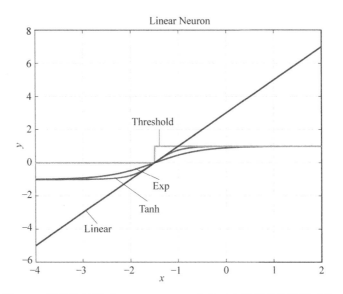

图 1.6　线性神经元，与 LinearNeuron 中的三个激活函数进行对比

LinearNeuron.m

```
1  %% Linear neuron demo
2  x        = linspace(-4,2,1000);
3  y        = 2*x + 3;
4  z1       = tanh(y);
5  z2       = 2./(1+exp(-y)) - 1;
6  z3       = zeros(1,length(x));
7
8  % Apply a threshold
9  k        = y >=0;
10 z3(k)    = 1;
11
12 PlotSet(x,[z1;z2;z3;y],'x label','x', 'y label',...
13    'y', 'figure title','Linear Neuron','plot title', 'Linear Neuron',...
14    'plot set',{[1 2 3 4]},'legend',{{'Tanh','Exp','Threshold','Linear'}});
```

　　式(1.2)与式(1.3)非常相似，它们都对输出的值域进行限制。在$-3 \leqslant x < 1$的范围内，它们返回对输入进行函数运算后的值。在此范围外，它们只返回输入的符号，表明它们饱和了。如果输入小于-1.5，则阈值激活函数返回 0；如果输入大于-1.5，则阈值激活函数返回 1。阈值激活函数的思想是：只有输入超过某个给定值时，输出才重要，才能被激活。其他非线性激活函数的思想是：只关心线性方程在边界内的值。非线性函数(除了阶跃函数外)使学习算法更容易，因为函数有导数，而二元阶跃函数在输入为 0 时不连续，所以该点的导数为无穷。除了通常被用在输出神经元上的线性激活函数之外，神经元告诉我们，它们只关心线性方程的符号。激活函数就是神经网络中的神经元能够建模真实神经元的根本原因。

我们将在下文中展示神经网络的两个简单示例：第一个是日光探测器，第二个是"异或"问题。

1.3.1 日光检测器

问题

我们使用一个简单的神经网络来检测日光，并提供一个使用神经网络进行分类的示例。

解决方案

从发展历史上讲，第一个神经元是感知器，它是一个激活函数为阈值函数的神经元，它的输出为 0 或 1，这对于解决人类实际问题并不是很有用。但是，它非常适合简单的分类问题。在此示例中，我们将使用单个感知器。

运行过程

假设我们的输入是由照片单元(像素)测得的亮度水平。如果对输入进行加权，1 定义为黄昏时亮度水平的值，则将获得晴天检测器(亮度水平大于 1 则为晴天，否则为阴天)。

下面的脚本 SunnyDay 展示了实现细节，该脚本以著名的神经网络命名，该网络本来用于检测坦克，但也可以检测到晴天，这是因为基本上所有的坦克训练照片，都是在晴天拍摄的，而所有没有坦克的照片都是在阴天拍摄的。我们使用余弦函数建模太阳光通量，并进行缩放使其在中午为 1。任何大于 0 的值都被认为是日光。

图 1.7 显示了检测结果。代码 $set(gca, \cdots)$ 将 x 轴刻度设置为恰好 24 小时。虽然这是一个非常微不足道的示例，但它确实展示出了神经网络实现分类的工作原理。如果我们有多个神经元，其阈值设置为检测太阳通量带内的阳光水平，那么我们将拥有一个神经网络太阳钟。

SunnyDay.m

```
1   %% The data
2   t = linspace(0,24);          % time, in hours
3   d = zeros(1,length(t));
4   s = cos((2*pi/24)*(t-12));   % solar flux model
5
6   %% The activation function
7   % The nonlinear activation function which is a threshold detector
8   j    = s < 0;
9   s(j) = 0;
10  j    = s > 0;
11  d(j) = 1;
12
13  %% Plot the results
14  PlotSet(t,[s;d],'x label','Hour', 'y label',...
15     {'Solar Flux', 'Day/Night'}, 'figure title','Daylight Detector',...
16     'plot title', {'Flux Model','Perceptron Output'});
17  set([subplot(2,1,1) subplot(2,1,2)],'xlim',[0 24],'xtick',[0 6 12 18 24]);
```

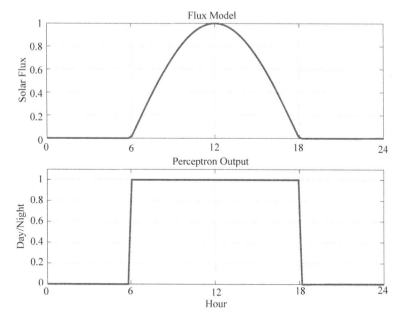

图 1.7 日光检测器(上图显示输入数据,下图显示检测日光的感知器的输出)

1.3.2 "异或"神经网络

问题

我们想用神经网络实现"异或"(XOR)问题。

解决方案

在开发深度学习之前,XOR 问题阻碍了神经网络的发展。图 1.8 展示了 XOR 问题,图 1.8(a)给出了所有可能的输入 A 和 B 以及所需的输出 C。"异或"表示:如果输入 A 和 B 不同,则输出 C 为 1。图 1.8 也显示了图 1.1 中的单层网络和多层"深度"网络,但是权重标记将出现在代码中。只需 7 行代码即可在 MATLAB 中轻松实现此目标:

```
>> a = 1;
>> b = 0;
>> if( a == b )
>>    c = 1
>> else
>>    c = 0
>> end

c =
     0
```

在数字系统研究的早期,这种逻辑(异或)已经体现在中等规模的集成电路中,甚至早于基于电子管的计算机。读者可以尝试一下,但无法在单层网络上选择两个权重和一个偏置来实现 XOR。Minsky 证明这是不可能的。

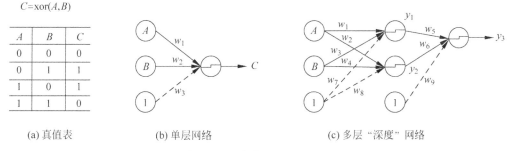

(a) 真值表　　　　　　(b) 单层网络　　　　　　(c) 多层 "深度" 网络

图 1.8 "异或"(XOR)真值表和可能的解决方案网络

第二个神经网络,即深度神经网络,可以实现 XOR。我们将实现并训练该网络。

运行过程

我们要做的是明确地写出反向传播算法,我们使用该算法在图 1.8 中给出的$(0,0),(1,0),(0,1),(1,1)$四个训练数据上训练神经网络。我们把代码写在脚本 XORDemo 中。这个示例的关键是想明确地为用户展示反向传播的工作原理,我们将使用 tanh 激活函数。XOR.m 中给出了 XOR 函数:

XOR.m

```
1   %% XOR Implement an 'Exclusive Or' neural net
2   %  c = XOR(a,b,w)
3   %
4   %% Description
5   % Implements an XOR function in a neural net. It accepts vector inputs.
6   %
7   %% Inputs
8   %  a   (1,:)   Input 1
9   %  b   (1,:)   Input 2
10  %  w   (9,1)   Weights and biases
11  %% Outputs
12  %  c   (1,:)   Output
13  %
14  function [y3,y1,y2] = XOR(a,b,w)
15
16  if( nargin < 1 )
17    Demo
18    return
19  end
20
21  y1 = tanh(w(1)*a  + w(2)*b  + w(7));
22  y2 = tanh(w(3)*a  + w(4)*b  + w(8));
23  y3 = w(5)*y1 + w(6)*y2 + w(9);
24  c  = y3;
```

这里有三个神经元。隐藏层的激活函数为双曲正切函数,输出层的激活函数则是线性的。

$$y_1 = \tanh(w_1 a + w_2 b + w_7) \qquad (1.7)$$

$$y_2 = \tanh(w_3 a + w_4 b + w_8) \tag{1.8}$$

$$y_3 = w_5 y_1 + w_6 y_2 + w_9 \tag{1.9}$$

现在我们将推导反向传播过程。双曲激活函数为

$$f(z) = \tanh(z) \tag{1.10}$$

它的导数是

$$\frac{\mathrm{d}f(z)}{\mathrm{d}z} = 1 - f^2(z) \tag{1.11}$$

在此推导中,我们将使用链式规则。假设 F 是 y 的函数,y 是 x 的函数。然后计算

$$\frac{\mathrm{d}F(y(x))}{\mathrm{d}x} = \frac{\mathrm{d}F}{\mathrm{d}y}\frac{\mathrm{d}y}{\mathrm{d}x} \tag{1.12}$$

误差为二次误差,即期待输出与实际输出之间差异的平方,也称为平方误差。它易于使用,因为其导数很简单,并且误差始终为正,所以最小误差是最接近零的误差。

$$E = \frac{1}{2}(c - y_3)^2 \tag{1.13}$$

输出节点关于 w_j 的误差的导数为

$$\frac{\partial E}{\partial w_j} = (y_3 - c)\frac{\partial y_3}{\partial w_j} \tag{1.14}$$

对于隐藏的节点为

$$\frac{\partial E}{\partial w_j} = \psi_3 \frac{\partial n_3}{\partial w_j} \tag{1.15}$$

扩展所有权重为

$$\frac{\partial E}{\partial w_1} = \psi_3 \psi_1 a \tag{1.16}$$

$$\frac{\partial E}{\partial w_2} = \psi_3 \psi_1 b \tag{1.17}$$

$$\frac{\partial E}{\partial w_3} = \psi_3 \psi_2 a \tag{1.18}$$

$$\frac{\partial E}{\partial w_4} = \psi_3 \psi_2 b \tag{1.19}$$

$$\frac{\partial E}{\partial w_5} = \psi_3 y_1 \tag{1.20}$$

$$\frac{\partial E}{\partial w_6} = \psi_3 y_2 \tag{1.21}$$

$$\frac{\partial E}{\partial w_7} = \psi_3 \psi_1 \tag{1.22}$$

$$\frac{\partial E}{\partial w_8} = \psi_3 \psi_2 \tag{1.23}$$

$$\frac{\partial E}{\partial w_9} = \psi_3 \tag{1.24}$$

其中，

$$\psi_1 = 1 - f^2(n_1) \tag{1.25}$$

$$\psi_2 = 1 - f^2(n_2) \tag{1.26}$$

$$\psi_3 = y_3 - c \tag{1.27}$$

$$n_1 = w_1 a + w_2 b + w_7 \tag{1.28}$$

$$n_2 = w_3 a + w_4 b + w_8 \tag{1.29}$$

$$n_3 = w_5 y_1 + w_6 y_2 + w_9 \tag{1.30}$$

可以从求导中看到，如何将其用递归实现，并应用于任意数量的输出或层中。每一步的权重调整公式为

$$\Delta w_j = -\eta \frac{\partial E}{\partial w_j} \tag{1.31}$$

其中，η 是更新增益，它应该是一个很小的数。我们只有四组输入，所以要多次应用它们以获得 XOR 权重。

我们的反向传播训练需要找到 w 的 9 个分量。训练代码 XORTraining.m 如下：

XORTraining.m

```
1   %% XORTRAINING Implements an XOR training function.
2   %% Inputs
3   %  a      (1,4)  Input 1
4   %  b      (1,4)  Input 2
5   %  c      (1,4)  Output
6   %  w      (9,1)  Weights and biases
7   %  n      (1,1)  Number of iterations through all 4 inputs
8   %  eta    (1,1)  Training weight
9   %
10  %% Outputs
11  %  w      (9,1)   Weights and biases
12  %% See also
13  %  XOR
14
15  function w = XORTraining(a,b,c,w,n,eta)
16
17  if( nargin < 1 )
18    Demo;
19    return
20  end
21
22  e        = zeros(4,1);
23  y3       = XOR(a,b,w);
24  e(:,1)   = y3 - c;
25  wP       = zeros(10,n+1); % For plotting the weights
26  for k = 1:n
27    wP(:,k) = [w;mean(abs(e))];
28    for j = 1:4
29      [y3,y1,y2]  = XOR(a(j),b(j),w);
30      psi1        = 1 - y1^2;
31      psi2        = 1 - y2^2;
```

```
32       e(j)              = y3 - c(j);
33       psi3              = e(j);  % Linear activation function
34       dW                = psi3*[psi1*a(j);psi1*b(j);psi2*a(j);psi2*b(j);y1;y2;
                              psi1;psi2;1];
35       w                 = w - eta*dW;
36     end
37   end
38   wP(:,k+1) = [w;mean(abs(e))];
39
40   % For legend entries
41   wName = string;
42   for k = 1:length(w)
43     wName(k) = sprintf('W_%d',k);
44   end
45   leg{1} = wName;
46   leg{2} = '';
47
48   PlotSet(0:n,wP,'x label','step','y label',{'Weight' 'Error'},...
49     'figure title','Learning','legend',leg,'plot set',{1:9 10});
```

PlotSet 函数的前两个参数是数据,是必需的最少参数,其余参数都是参数对。参数 leg 是两个图的图例,由"plot set"定义,"plot set"是一个元胞(MATLAB 的一种数据结构)中的两个数组,leg 是具有两个字符串或字符串数组的元胞数组。第一个图使用前 9 个数据点(本例中为权重),第二个图使用最后一个数据点,即误差的平均值。只有一个值的图没有图例。

演示脚本 XORDemo.m 从训练数据开始,该数据实际上是此简单函数的完整真实数据,并随机生成权重。迭代输入次数为 25 000 次,训练权重为 0.001。

XORDemo.m

```
1   % Training data - also the truth data
2   a        = [0 1 0 1];
3   b        = [0 0 1 1];
4   c        = [0 1 1 0];
5
6   % First try implementing random weights
7   w0       = [ 0.1892; 0.2482; -0.0495; -0.4162; -0.2710;...
8                0.4133; -0.3476; 0.3258; 0.0383];
9   cR       = XOR(a,b,w0);
10
11  fprintf('\nRandom Weights\n')
12  fprintf('    a      b      c\n');
13  for k = 1:4
14    fprintf('%5.0f %5.0f %5.2f\n',a(k),b(k),cR(k));
15  end
16
17  % Now execute the training
18  w        = XORTraining(a,b,c,w0,25000,0.001);
19  cT       = XOR(a,b,w);
```

与预期的一样,具有随机权重和偏置的神经网络的训练结果并不理想。在训练之后,神经网络很好地实现了 XOR 问题,如下面的演示代码输出所示。如果更改初始权重和偏置,则可能会得到不好的结果。这是因为此处实现的简单的梯度方法可能会陷入它无法逃避的局部最小值。这是找到最佳答案过程中的一个重点:可能会有很多好的局部最优的答案,但只有一个最佳答案,领域内有大量关于如何保证解决方案是全局最优的研究。

```
 1  >> XORDemo
 2
 3  Random Weights
 4      a       b    c
 5      0       0    0.26
 6      1       0    0.19
 7      0       1    0.03
 8      1       1   -0.04
 9
10  Weights and Biases
11   Initial    Final
12    0.1892   1.7933
13    0.2482   1.8155
14   -0.0495  -0.8535
15   -0.4162  -0.8591
16   -0.2710   1.3744
17    0.4133   1.4893
18   -0.3476  -0.4974
19    0.3258   1.1124
20    0.0383  -0.5634
21
22  Trained
23      a       b    c
24      0       0    0.00
25      1       0    1.00
26      0       1    1.00
27      1       1    0.01
```

图 1.9 展示了权重和偏置的收敛过程,还展示了真值表中所有四个输入的平均输出误差逐渐趋于零。如果尝试用其他起始权重和偏置,则可能所得到的结果并非如此。其他解决方案,例如遗传算法[13]、基于电磁学的算法[4]和模拟退火[23]算法,不易陷入局部极小值,但收敛速度较慢。Bottou 专门针对机器学习的优化,写了一篇很好的概述[6]。

第 2 章将使用深度学习工具箱来解决此问题。

读者也许会好奇以上机器学习算法与一组线性方程的对比结果。如果去掉激活函数,将得到

$$y_3 = w_9 + w_6 w_8 + w_5 w_7 + a(w_1 w_5 + w_3 w_6) + b(w_2 w_5 + 2, w_6) \qquad (1.32)$$

式(1.32)退化为一个只有三个独立的系数的线性方程:

$$y_3 = k_1 + k_2 a + k_3 b \qquad (1.33)$$

其中一个系数是常数,另外两个用于和输入相乘。用矩阵表示法写出四种可能的情况,可以得到

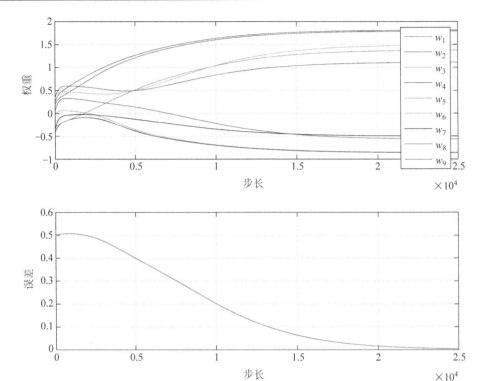

图 1.9　"异或"(XOR)训练期间权重的演变

$$\begin{bmatrix} 0 \\ 1 \\ 1 \\ 0 \end{bmatrix} = k_1 + \begin{bmatrix} 0 & 1 \\ 0 & 0 \\ 1 & 1 \\ 1 & 0 \end{bmatrix} \begin{bmatrix} k_2 \\ k_3 \end{bmatrix} \tag{1.34}$$

选择下列这组参数值,就可以近似实现(离完整实现很近,但并未完整实现)获得一个有效的 XOR:

$$\begin{bmatrix} k_1 \\ k_2 \\ k_3 \end{bmatrix} = \begin{bmatrix} 1 \\ -1 \\ -1 \end{bmatrix} \tag{1.35}$$

这使得四个等式中的三个成立,只有三个系数根本不可能使四个等式全部成立。激活函数将系数分离开,并允许我们实现真正的 XOR。这并不令人惊讶,因为"异或"本身就不是一个线性问题。

1.4　深度学习与数据

深度学习系统对数据进行操作,数据可以由多种形式来表示。例如,我们可能需要深度学习系统来识别图像,这就可以使用 rand 函数生成 $2 \times 2 \times 3$ 的随机数据矩阵,来表示一个

$2\times2\times3$ 的彩色图像。

```
1  >> x = rand(2,2,3)
2
3  x(:,:,1) =
4
5       0.9572      0.8003
6       0.4854      0.1419
8
9  x(:,:,2) =
10
11      0.4218      0.7922
12      0.9157      0.9595
14
15 x(:,:,3) =
16
17      0.6557      0.8491
18      0.0357      0.9340
```

数组形式可以表示数据的结构。可以使用 reshape 函数将相同数量的点组合到单个向量中。

```
1  >> reshape(x,12,1)
2
3  ans =
4
5       0.9572
6       0.4854
7       0.8003
8       0.1419
9       0.4218
10      0.9157
11      0.7922
12      0.9595
13      0.6557
14      0.0357
15      0.8491
16      0.9340
```

数据的总点数相同,只是表示形式不同。1.5 节将简单介绍的卷积神经网络,就通常被用于图像结构的数据。我们还可能有向量形式的数据:

```
1  >> s = rand(2,1)
2
3  s =
4
5       0.6787
6       0.7577
```

这时候,我们希望学习时间序列数据。在这种情况下,如果每一列都是时间样本,则可能有:

```
1  >> rand(2,4)
2
3  ans =
4
5      0.7431    0.6555    0.7060    0.2769
6      0.3922    0.1712    0.0318    0.0462
```

例如,我们可能想要查看一个样本序列,并确定 k 条样本数据是否与预先规定的某条序列匹配。对于这个简单的问题,神经网络将学习序列,然后将四类样本的集合输入到网络中进行匹配。

同时还需要了解匹配是什么意思,如果所有的数字都是确定的,那么这个问题就相对简单直接了。在实际的系统中,测量信号通常都伴有噪声,在这些情况下,我们希望以一定的概率进行匹配,这就引出了统计神经网络的概念。

1.5　深度学习的类型

已知的深度学习网络类型有很多。读者阅读本书的时候,新类型也可能正在被开发。一位深度学习研究人员开玩笑说,如果随机选四个字母组合在一起,就可以得出一个现有深度学习算法的名称。

以下各节简要介绍了一些深度学习的主要类型。

1.5.1　多层神经网络

多层神经网络有:
(1) 输入神经元;
(2) 多层隐藏神经元;
(3) 输出神经元。

不同的层可以有不同的激活函数,且不同层的功能也可能不同,例如卷积层或池化层。第 2 章将介绍算法层的概念。

1.5.2　卷积神经网络(CNN)

CNN 具有卷积层(因此得名)。它将特征与输入矩阵进行卷积,以便输出强调该特征,这样做可以高效地找到模式。例如,可以将 L 模式与输入数据进行卷积以找到图片的角落。人眼具有边缘检测器,这使得人类视觉系统也成为某种类型的卷积神经网络。

1.5.3　循环神经网络（RNN）

RNN 是递归神经网络的一种，用于解决与时间有关的问题。RNN 将上一时间步长的数据与隐藏层或中间层的数据相结合，以表示当前时间步长的数据。RNN 有一个环，时间 k 处的输入向量用于创建输出，然后将其传递到网络的下一个元素，这是递归完成的，因为每个阶段的输入都与外部输入和前一阶段的输出有关。RNN 可用于语音识别、语言翻译以及其他许多方面的应用。从英语句子后半部分的含义通常依赖于句子开头的示例中就可以看到，循环网络在翻译中会多么有用。但有这样一个问题：假设我们正在翻译一个段落，第一句的输出是否必然与第 100 句相关？未必。标准估计会使用遗忘因子遗忘旧数据。在神经网络中，我们也使用长短期记忆网络或 LSTM 网络以遗忘旧数据。

1.5.4　长短期记忆网络（LSTM）

LSTM 旨在避免依赖旧信息。标准 RNN 具有重复结构，单个 LSTM 也具有重复结构，但是每个元素只有四层。LSTM 层直接决定将哪些旧信息传递给下一层，可能全部都传，也可能一个都不传。LSTM 有很多变体，但它们都具有忘记事物的基本能力。

1.5.5　递归神经网络

递归神经网络经常与 RNN 混淆，后者也是一种递归神经网络。递归神经网络对结构化数据进行操作。由于语言是结构化的（而图像相反，是非结构化的），它们已成功用于语言处理。

1.5.6　时间卷积机（TCM）

TCM 是一种卷积架构，旨在学习时间序列[19]。TCM 对于时间序列的统计建模特别有用，如果输入数据有噪声，则可以采用统计建模方式。

1.5.7　堆叠自动编码器

堆叠式自动编码器是由一系列稀疏自动编码器组成的神经网络。自动编码器是一种神经网络，使用一种反向传播的无监督学习算法。稀疏度是对有多少神经元被激活的量度，即给定激活函数下，输入产生多少输出。上一层的输出成为下一层的输入，从输入到输出，节点数趋于减少。

1.5.8　极限学习机（ELM）

ELM 是由黄光斌[15]发明的。ELM 是一种单隐层前馈网络，它随机选择隐藏节点的权重并分析计算输出节点的权重。ELM 有良好的性能，且学习速度很快。

1.5.9　递归深度学习

递归深度学习[28]是 RNN 的变异和扩展。同一组网络节点的权重值被递归地应用于结构化输入,也就是说,不是所有输入都被批量处理。递归是在常规估计中使用的一种标准方法,指在不同时间输入数据并且希望在当前时间获得最佳估计而不必立即处理所有可用数据。

1.5.10　生成式深度学习

生成式深度学习允许神经网络学习模式[12],然后创建全新的素材。生成式深度学习网络可以创建文章、绘画、照片和许多其他类型的材料。

1.6　深度学习的应用

如今,深度学习已用于许多实际应用程序中,在这里只做一些简单介绍。

图像识别——这可能是最广泛使用的深度学习方法。深度学习系统使用人像进行训练。相机分布在各处,并捕获图像。然后,系统识别出各个面部并将其与经过训练的数据库进行匹配。即使是在光照、天气条件和衣服有所变化的情况下,系统也可以识别图像中的人物。

语音识别——现在几乎再也无法在电话上听到人类直接说话的声音了。首先,您将获得一个机器人侦听器,该侦听器至少可以在预期内容的有限范围内识别您在说什么。当一个人在听另一个人的声音时,听众不仅在录制语音,还在猜测这个人会说什么,并填补乱码和语法混乱的空白。机器人听众具有某些相同的能力。机器人听众是"Turing 测试"的一种体现。您是否曾经得到一个您认为是人类的东西? 或换句话说,您遇到过一个您认为是机器人的人吗?

笔迹分析——在很久以前,获得一些表格,其中装有一些可写数字和字母的框。首先,它们必须是大写字母。机器人手写系统可以可靠地找出这些盒子中的字母。多年后(也是在许多年前),美国邮政局推出了邮政编码读取系统。首先,必须将邮政编码放在信封的特定部分。该系统已经发展到可以在任何地方找到邮政编码的地方。这使 zip＋4 系统真正有价值,并大大提高了生产率。

机器翻译——考虑到 Google 翻译可以翻译世界上几乎所有语言,因此它的表现非常出色。这是具有在线训练的系统的示例。您会看到当您输入一个短语,翻译旁边有一个复选标记时,表明已经有一个人证明它是正确的。图 1.10 给出了一个示例。Google 利用免费的人工翻译服务来改善其产品。

定位——这里的定位意思是弄清楚您想要什么,可能是电影、衣物或书籍。深度学习系统收集有关您喜欢的信息,并确定您最有兴趣购买的东西。图 1.11 给出了一个示例。这是几年前的事,也许像《星球大战》中的芭蕾舞演员!

其他应用程序包括游戏、自动驾驶、医学等。几乎任何人类活动都可以应用深度学习。

图 1.10　Google 翻译

图 1.11　预测用户的购买喜好

1.7　本书的组成架构

本书围绕特定的深度学习示例进行相关讨论介绍。读者可以单独阅读任何章节,因为它们几乎是独立的。我们已尝试提出了广泛的问题,希望其中一些问题可能与读者的工作或兴趣相关。第2章将概述用于深度学习的MATLAB产品。除核心MATLAB开发环境外,本书中仅使用其中三个工具箱。

除第1章和第2章外,每章均按以下顺序介绍:

(1)模型;

(2)建立系统;

(3)训练系统;

(4)测试系统。

训练和测试通常在同一脚本中,建模因各章而异。对于物理问题,使用推导性的数值模型,通常是一组微分方程式以及对过程的模拟。

本书的各章提供了一系列相对简单的示例,以帮助读者了解有关深度学习及其应用的更多信息。它还将帮助读者了解深度学习的局限性和将来的研究领域。本书全部使用MATLAB深度学习工具箱。

第1章　什么是深度学习。

第2章　MATLAB机器学习工具箱——本章介绍了MATLAB机器智能工具箱。我们将使用本书中的三个工具箱。

第3章　利用深度学习寻找圆形——这是一个基本示例。系统将尝试确定一个图形是否为圆形。它将显示圆形、椭圆形和其他图像,并经过训练以确定哪些是圆形。

第4章　电影分类——所有电影数据库都试图猜测观众最感兴趣的电影,以加快电影选择速度并减少不满的观众数量。本示例中创建了一个电影分级系统,并尝试将电影数据库中的电影分为好或坏。

第5章　深度学习算法——这是使用检测过滤器作为深度学习系统元素的故障检测示例。它使用自定义的深度学习算法,这是唯一一个不使用MATLAB深度学习工具箱的示例。

第6章　托卡马克中断检测——中断是被称为托卡马克(Tokamak)的核聚变设备的主要问题。研究人员在神经网络发生中断之前进行相关检测,以便将其阻止。在此示例中,我们使用简化的动力学模型来演示深度学习。

第7章　分类芭蕾舞者的足尖旋转动作——此示例演示了如何在深度学习系统中使用实时数据。IT通过蓝牙使用IMU数据和摄像头输入,合并数据以对舞者的足尖旋转动作进行分类。此示例还将涵盖数据获取并将实时数据用作深度学习系统的一部分。

第8章　补全句子——写作系统有时会尝试预测您要使用的单词或句子片段。我们创建一个句子数据库,并尝试尽快预测剩余的句子部分。

第9章　基于地形的导航——最早的巡航导弹使用地形图来到达目标,但这已被GPS

取代。该系统将识别飞机在地图上的位置,并使用过去的位置来预测未来的位置。

第 10 章　股票预测——谁不希望能够创建一个能击败指数基金的投资组合的系统? 我们也许可以找到下一个苹果或微软的股票预测系统! 在此示例中,我们创建了一个人工股票市场,并对系统进行了训练以识别最佳股票。

第 11 章　图像分类——训练深度学习网络可能需要数周时间。本章提供了使用预训练网络的示例。

第 12 章　轨道确定——只能使用角度测量来确定轨道。本章说明 fitnet 如何从角度得出半长轴和偏心率的估算值。

这些都是非常不同的问题。我们对每个问题背后的原理进行了简要总结,希望足以让读者理解问题。每个问题都已有数百篇相关论文进行论证,甚至还有关于这些问题的教科书。这些参考资料提供了更多信息。在 MATLAB 中应用深度学习有两种广泛的方法,一种是使用 trainNetwork,另一种是使用各种前馈功能。表 1.1 总结了每章中使用的方法。

第 11 章使用了预训练的网络,但是它们与 trainNetwork 产生的网络相似。第 12 章将四种类型的网络训练应用于同一问题。

对于每个问题,我们都创造一个可以工作的世界。例如,在电影分类问题中,基于我们创建的特定模型来创建电影和观众的世界。这类似于著名的"积木世界",其中创建了一个彩色积木世界。人工智能引擎可以推理并解决这个世界范围内的堆叠块问题。就像"积木世界"没有映射到一般推理一样,我们也不主张我们的代码可以直接应用于现实世界中的问题。

在每一章中,我们将提出一个问题并给出深度学习网络解决该问题的代码。我们将向读者展示代码的性能以及代码无法正常运行的地方。深度学习是一项正在进行的研究工作,重要的是要了解什么有效和什么无效。在此,我们鼓励用户改进本书中的代码,看是否可以提高其性能。

表 1.1 展示了网络的特定形式,最后一列是应用。

表 1.1　深度学习方法

章　　节	创 建 函 数	训 练 网 络	类　　型
2	feedforwardnet		回归
3		卷积	图像分类
4	patternnet		分类
5	feedforwardnet		回归
6		双向 LSTM	分类
7		双向 LSTM	分类
8		双向 LSTM	分类
9		卷积	图像分类
10		LSTM	回归
11		**	图像分类
12	feedforwardnet, fitnet, cascadeforwardnet	双向 LSTM	回归

　　我们在片段中展示了许多代码。除非特别指定,否则无法将代码剪切并粘贴到MATLAB命令窗口中直接获取结果。读者应该从本书随附的代码库中选择运行主题。同时还要记住,第 7 章将需要深度学习工具箱和仪器控制工具箱。其他各章仅需要核心MATLAB 和深度学习工具箱。

　　本书中的代码是在 MacOS 10.14.4 下的 Macintosh MacBook Pro 上使用 MATLAB 2019a 开发的。尽管处理时间可能有所不同,但是该代码应该在所有其他操作系统上都可以工作。

第 2 章

MATLAB 机器学习工具箱

2.1 商业 MATLAB 软件

MathWorks 出售一些机器学习的软件包,这些工具箱可直接与 MATLAB 和 Simulink 一起使用。MathWorks 产品提供用于数据分析的高质量算法以及用于可视化数据的图形工具。可视化工具是任何机器学习系统的关键部分,可用于数据采集,例如,用于图像识别或作为车辆自动控制系统的一部分,或用于开发过程中的诊断和调试。所有这些软件包都可以相互集成,也可以与其他 MATLAB 函数集成,以生成强大的机器学习系统。下面列出了我们将要讨论的最适用的工具箱;在本书中,我们将仅使用深度学习和仪器控制工具箱。

- 深度学习工具箱;
- 仪器控制工具箱;
- 统计和机器学习工具箱;
- 神经网络工具箱;
- 计算机视觉系统工具箱;
- 图像采集工具箱;
- 并行计算工具箱;
- 文本分析工具箱。

MATLAB 和 Simulink 产品的广泛性允许用户探索机器学习的各个方面,并与数据科学的其他领域(包括控件,估计和仿真)联系起来。还有许多特定领域的工具箱,例如可以与学习产品一起使用的自动驾驶工具箱和传感器融合与跟踪工具箱。

1. 深度学习工具箱

深度学习工具箱允许用户设计、构建和可视化卷积神经网络。用户可以在 Web 上实现现有的、经过预训练的神经网络,例如 GoogLeNet、VGG-16、VGG-19、AlexNet 和 ResNet-59、GoogLeNet 和 AlexNet 都是图像分类网络,本书将在第 11 章讨论它们。深度学习工具箱对于神经网络可视化和调试具有广泛的能力。调试工具对于确保系统正常运行以及帮助用户理解神经网络内部发生的情况非常重要,它包括一些预先训练好的模型。我们将在所有示例中使用此工具箱。

2. 仪器控制工具箱

MATLAB 仪器控制工具箱被设计用于直接连接仪器,这简化了 MATLAB 与硬件的结合使用,例如示波器、函数生成器和电源。该工具箱支持 TCP/IP、UDP、I²C、SPI 和蓝牙。借助仪器控制工具箱,用户可以将 MATLAB 直接集成到实验室工作流程中,而无须编写驱动程序或创建专门的 MEX 文件。本书中我们将蓝牙功能与 IMU 一起使用。

3. 统计和机器学习工具箱

统计数据是许多深度学习方法的基础。统计和机器学习工具箱提供了从大量数据中收集趋势和模式的数据分析方法,这些方法不需要用一个模型来分析数据。工具箱的函数可以大致分为分类工具、回归工具和聚类工具。

分类方法用于将数据分为不同的类别,例如可以采用图像形式的数据将器官的图像分类为患有肿瘤的和未患有肿瘤的类别。分类也可用于笔迹识别、信用评分和人脸识别等。分类方法包括支持向量机(SVM)、决策树和神经网络。

回归方法允许用户从当前数据构建模型,以预测未来数据。然后,当有新数据可用时,则可以更新模型。如果创建模型时数据仅使用一次,则使用批处理方法。当数据可用时,将其合并的回归方法是一种递归方法。

聚类查找数据中的自然分组,目标识别是聚类方法的一种应用。例如,如果要在图像中找到一辆汽车,则需要查找与图像中的汽车部分相关联的数据。尽管汽车的形状和大小各不相同,但它们还是有许多共同点。聚类还可以处理不同的方向和缩放。

该工具箱有许多函数来支持这些领域,也有许多不完全适合这些类别的函数。统计和机器学习工具箱提供了无缝集成到 MATLAB 环境中的专业工具。

4. 计算机视觉系统工具箱

MATLAB 计算机视觉系统工具箱提供了开发计算机视觉系统的功能。该工具箱为视频处理提供了广泛的支持,包括特征检测和提取的功能。在广泛使用深度学习之前,特征检测是图像识别的方法。它还支持 3D 视觉,可以处理来自立体摄像机的信息,同时支持 3D 运动检测。

5. 图像采集工具箱

MATLAB 图像采集工具箱提供了将相机直接连接到 MATLAB 的功能,而无须中间软件或使用许多相机附带的应用程序。用户可以使用该软件包直接与传感器进行交互,支持前景和背景采集。该工具箱支持所有主要标准和硬件供应商,这使得使用真实数据设计深度学习图像处理软件变得更加容易。它允许控制相机,在图像作为深度学习的这一章节中所示。

图像采集工具箱支持 USB3 视觉、GigE 视觉和 GenICam 相机。用户也可以连接到 Velodyne LiDAR 传感器、机器视觉相机、图像采集卡以及高端科学和工业设备。USB3 提供了对相机的相当大的控制能力,在第 7 章中将进行介绍。

6. 并行计算工具箱

并行计算工具箱允许用户将多核处理器、图形处理单元(GPU)和计算机集群与

MATLAB 软件配合使用。它允许用户使用并行 for 循环之类的高级编程结构轻松地并行化算法。深度学习工具箱中的某些函数可以利用 GPU 和并行处理的优势。在第 10 章提供了一个可潜在使用 GPU 的示例,由于几乎每台个人计算机都具有一个 GPU,这对于用户的 MATLAB 软件可能是一个有价值的补充。

7. 文本分析工具箱

文本分析工具箱提供了处理文本数据的算法和可视化工具。使用工具箱创建的模型可以用于情感分析、预测维护和主题建模之类的应用程序中。该工具箱包含用于处理来自许多来源的原始文本的工具。用户可以提取单个单词,将文本转换为数字表示,并建立统计模型。这是深度学习的一个有用辅助。

2.2　MATLAB 开源工具

MATLAB 开源工具是实现机器学习的一个重要资源,它提供了机器学习和凸优化软件包。很多大学在不断研发新的神经网络工具集。虽然如今许多工作都是用 Python 完成的,但 MATLAB 在软件开发和 AI 工作中也非常受欢迎。

2.2.1　深度学习工具箱

Rasmus Berg Palm 开发的深度学习工具箱(The Deep Learn Toolbox)是用于深度学习的 MATLAB 工具箱,包括深度信念网络、堆叠式自动编码器、卷积神经网络和其他神经网络函数。它可以通过 MathWorks 文件交换(MathWorks File Exchange)获得。

2.2.2　深度神经网络

Masayuki Tanaka 开发的深度神经网络(The Deep Neural Network)提供了堆叠受限玻耳兹曼机中深度信念网络这一类深度学习工具。它具有无监督学习和有监督学习的功能。它可以通过 MathWorks 文件交换获得。

2.2.3　MatConvNet

MatConvNet 实现了用于图像处理的卷积神经网络。它包括一系列用于图像处理功能的预训练网络。可通过搜索名称或通过网址 www. vlfeat. org/matconvnet/找到它。该软件包是开源的,向所有研究人员免费开放。

2.2.4　模式识别和机器学习工具箱(PRMLT)

该工具箱实现了 Christopher Bishop[5] 所著的《模式识别和机器学习》一书中的功能。该书是一本很好的参考书,其中的代码使得本书中讨论的算法变得很容易。

2.3 XOR 示例

在后续章节中,我们将提供许多深度学习工具箱的示例。我们将通过一个示例来帮助学习,这个示例可能无法很好地发挥深度学习工具箱中强大的功能,但它是一个很好的参考。我们将实现在第 1 章中提到的 XOR 示例。DLXOR. m 脚本如下所示,使用 MATLAB中的函数 feedforwardnet,configure,train 和 sim。

DLXOR. m

```
1  %% Use the Deep Learning Toolbox to create the XOR neural net
2
3  %% Create the network
4  % 2 layers
5  % 2 inputs
6  % 1 output
7
8  net = feedforwardnet(2);
9
10 % XOR Truth table
11 a    = [1 0 1 0];
12 b    = [1 0 0 1];
13 c    = [0 0 1 1];
14
15 % How many sets of inputs
16 n    = 600;
17
18 % This determines the number of inputs and outputs
19 x    = zeros(2,n);
20 y    = zeros(1,n);
21
22 % Create training pairs
23 for k = 1:n
24    j       = randi([1,4]);
25    x(:,k)  = [a(j); b(j)];
26    y(k)    = c(j);
27 end
28
29 net      = configure(net, x, y);
30 net.name = 'XOR';
31 net      = train(net,x,y);
32 c        = sim(net,[a;b]);
33
34 fprintf('\n    a      b    c\n');
35 for k = 1:4
36    fprintf('%5.0f %5.0f %5.2f\n',a(k),b(k),c(k));
37 end
38
39 % This only works for feedforwardnet(2);
40 fprintf('\nHidden layer biases %6.3f %6.3f\n',net.b{1});
41 fprintf('Output layer bias   %6.3f\n',net.b{2});
```

```
42  fprintf('Input layer weights  %6.2f %6.2f\n',net.IW{1}(1,:));
43  fprintf('                      %6.2f %6.2f\n',net.IW{1}(2,:));
44  fprintf('Output layer weights %6.2f %6.2f\n',net.LW{2,1}(1,:));
45
46  fprintf('Hidden layer activation function %s\n',net.layers{1}.
        transferFcn);
47  fprintf('Output layer activation function %s\n',net.layers{2}.
        transferFcn);
```

运行脚本将生成如图 2.1 所示的 MATLAB GUI 界面。

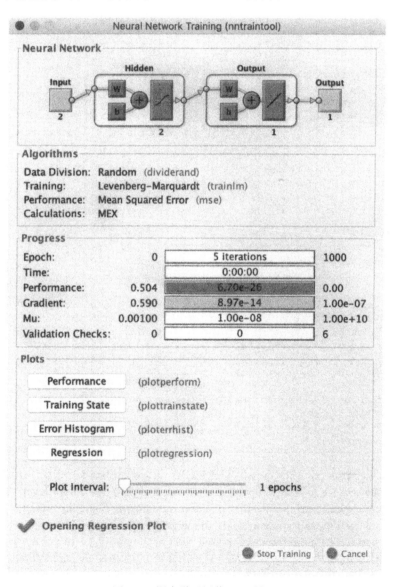

图 2.1　深度学习网络 GUI 界面

　　如图 2.1 所示,我们有两个输入、一个隐藏层和一个输出层。该图中隐藏层激活函数是非线性的,而输出层是线性的。GUI 是交互式的,用户可以通过单击按钮来研究学习过程。例如,如果单击性能按钮,将得到图 2.2。网络开发中几乎所有内容都是可定制的。GUI 是实时显示的,用户可以查看进行中的训练。如果只想查看布局,请输入 view(net)。

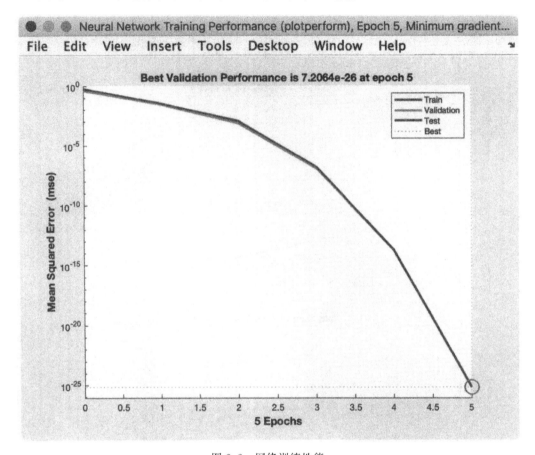

图 2.2　网络训练性能

　　GUI 中主要的三个框是算法、进度和图(Algorithms,Progress,Plots)。算法框(Algorithms)中包括:

- 数据划分——数据划分将数据划分为训练集,测试集和验证集。"Random"是指这三个类别之间的划分是随机进行的。
- 训练——显示了要使用的训练方法。
- 性能——表示均方误差被用来评估网络的运行状况。可以使用其他方法(损失函数),例如最大绝对误差。对均值进行平方是有用的,因为误差随着偏差的平方而增长,这意味着较大的误差的权重更大。
- 计算——表明计算是通过一个 MEX 文件完成的,即在一个 C 或 C++ 程序中完成的。

对于耗费较长时间的训练,观察 GUI 的进度框(Progress)非常有用。我们后续会继续介绍。

- 迭代次数(epoch)——图 2.2 做了 5 次迭代。可选的范围是 0~1000 个 epoch。
- 时间——在训练期间为用户提供时钟时间。
- 性能——显示训练期间的 MSE 性能(均方误差)。
- 梯度——显示了梯度,正如前面所讨论的,梯度显示了训练速度。
- Mu——训练神经网络的控制参数。
- 验证检查——显示没有验证检查失败。

最后一个框是图(Plots)。我们可以通过研究四幅图像以了解该过程。

图 2.2 显示了训练性能与迭代次数的关系。均方误差是训练准则(损失函数)。测试、验证和训练集各有一条线。在这次训练中,三个集合的所有值都相同。

图 2.3 显示了训练状态与迭代次数的关系,迭代了 5 次。标题显示每幅图中的最终值。最上方的图显示了梯度的变化,它随着迭代次数增多而减少。中间一幅图显示 Mu 随迭代次数线性减小,底部的图显示在训练期间没有验证失败。

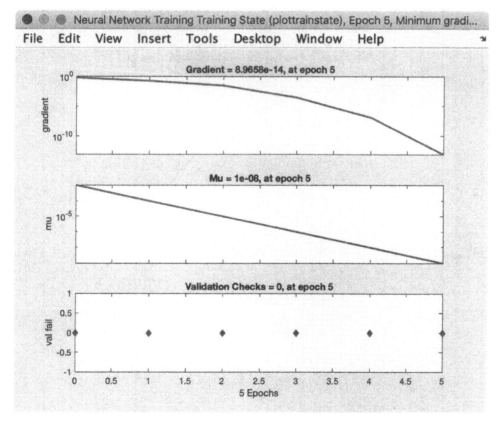

图 2.3　网络训练状态

图 2.4 给出了一个训练直方图。这显示了当其中一组在 x 轴上显示误差值时的实例数。条形图分为训练集、验证集和测试集。x 轴上的每个数字都是一个区间(bin)。在这种情况下,仅占用三个 bin。直方图显示,训练集的数据比测试集和验证集都更多。

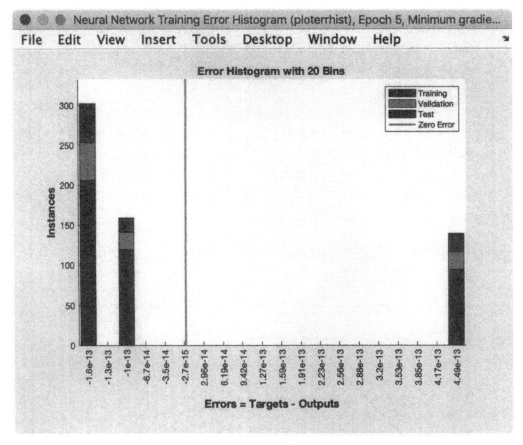

图 2.4　网络训练直方图

图 2.5 给出了回归训练图。其中一共有四幅子图:一幅用了训练集,一幅用了验证集,一幅用了测试集,一幅用了所有三个集合。只有两个目标:0 和 1。在这种情况下,线性拟合不会提供太多信息,因为我们只能对两个点进行线性拟合。图像标题说明了在 5 次迭代后,即在所有样本经过 5 次训练之后达到了最小梯度。图例显示了数据、拟合和 $Y=T$ 图,与该系统中的线性图相同。

输入

```
>> net = feedforwardnet(2);
```

创建了一个非常灵活且复杂的神经网络数据结构。式中" 2"表示一层中有两个神经元。如果我们想要两层,每层有两个神经元,我们可以输入

```
>> net = feedforwardnet([2 2]);
```

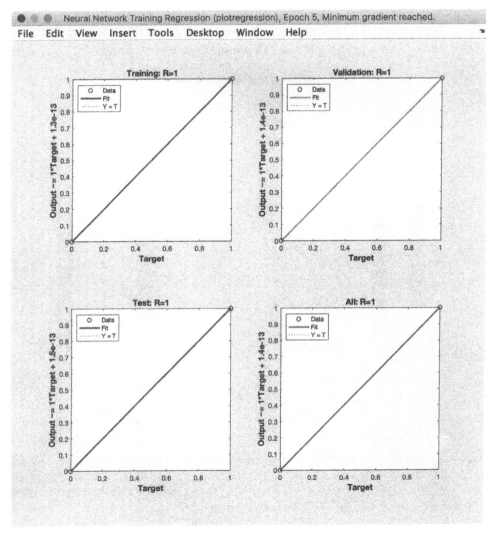

图 2.5　回归

　　我们创建 600 个训练集。利用 net＝configure(net，x，y) 配置网络。其中 configure 函数确定 x 和 y 数组的输入和输出数量。利用函数 net＝train(net,x,y)训练网络；并使用 c ＝ sim(net,[a；b])进行模拟仿真。可以从单元数组 net.IW、net.LW 和 net.b 中提取权重和偏置。其中"I"代表输入，"IW"代表图层。输入是从单个输入节点到两个隐藏节点，而图层是从两个隐藏节点到一个输出节点。

　　现在用真值表随机创建训练集。用户还可以多次运行此脚本，通常可以得到正确的结果，但也有可能获得不理想的结果。本书中的是一个成功的例子。

```
>> DLXOR

    a     b    c
    1     1    0.00
    0     0    0.00
    1     0    1.00
    0     1    1.00


Hidden layer biases   1.735 -1.906
Output layer bias     1.193
Input layer weights   -2.15   1.45
                      -1.83   1.04
Output layer weights  -1.16   1.30
Hidden layer activation function tansig
Hidden layer activation function purelin
```

其中，tansig是双曲正切函数。

每次运行都会产生不同的权重，即使当网络给出正确结果时也是如此。例如：

```
1  > DLXOR
2
3     a     b    c
4     1     1    0.00
5     0     0   -0.00
6     1     0    1.00
7     0     1    1.00
8
9  Hidden layer biases   4.178   0.075
10 Output layer bias     -1.087
11 Input layer weights   -4.49   -1.36
12                       -3.79   -3.67
13 Output layer weights   2.55   -2.46
```

在这里存在许多可能的权重和偏置集，因为权重/偏置集不是唯一的。但是请注意，这里的0.00实际上不是0，而是意味着在操作上，我们需要设置一个阈值（小于这个阈值就认为是0），例如：

```
1  if( abs(c) < tol )
2    c = 0;
3  end
```

用户可能会感兴趣的是，通过使用函数 net = feedforwardnet([2 2])创建一层并添加到网络中，会发生什么。图 2.6 在 GUI 中显示了该网络。

额外的隐藏层使得神经网络更容易拟合正在学习的数据。图中左侧是两个输入 a 和 b。在每个隐藏层中，都有一个权重 w 和偏置 b。权重是必需的，而偏置并不一定需要。两个隐藏层都具有非线性激活函数。输出层通过使用线性激活函数产生一个输出。

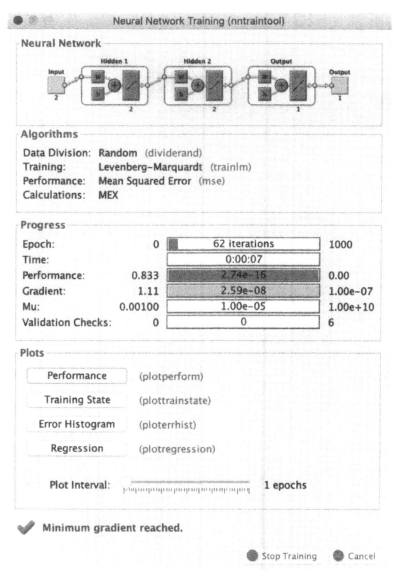

图 2.6 具有两个隐藏层的深度学习网络的 GUI(图形化用户界面)

```
>> DLXOR
   a    b    c
   1    1    0.00
   0    0    0.00
   1    0    1.00
   0    1    1.00
```

这样也产生了很好的结果。我们尚未探讨在使用 feedforwardnet 函数时所有可用的诊断工具。该软件有很大的灵活性。用户可以改变激活函数、更改隐藏层的数量并以许多不同方式对其进行自定义。该个特定的例子非常简单,因为输入集被限制为四种可能性。

我们可以探讨当输入有噪声时的情形,输出不一定都是 1 或者 0。我们在脚本 DLXORNoisy.m 中执行此操作,与原始脚本的唯一区别是在第 33~35 行中,我们在输入中添加了高斯噪声。

DLXORNoisy.m

```
1  a          = a + 0.01*randn(1,4);
2  b          = b + 0.01*randn(1,4);
3  c          = sim(net,[a;b]);
```

运行此脚本的输出如下:

```
>> DLXORNoisy

     a      b      c
 0.991  1.019 -0.003
 0.001 -0.005 -0.002
 0.996  0.009  0.999
-0.001  1.000  1.000

Hidden layer biases -1.793   2.135
Output layer bias   -1.158
Input layer weights    1.70   1.54
                       1.80   1.52
Output layer weights  -1.11   1.15
Hidden layer activation function tansig
Output layer activation function purelin
```

正如预期的那样,输出不完全是 1 或 0。

2.4 训练

由于神经网络的激活函数是非线性的,因此神经网络是一个非线性系统。Levenberg-Marquardt 训练算法是解决非线性最小二乘问题的一种方法。该算法只找到局部最小值,该局部最小值可能会是全局最小值。其他算法,例如遗传算法、下坡单纯形法、模拟退火算法等,也可以用来寻找权重和偏置。为了达到二阶训练速度,必须计算 Hessian 矩阵。Hessian 矩阵是一个标量值函数的二阶偏导数方阵。假设我们有一个非线性函数

$$f(x_1, x_2) \tag{2.1}$$

Hessian 矩阵是

$$H = \begin{bmatrix} \dfrac{\partial^2 f}{\partial x_1^2} & \dfrac{\partial^2 f}{\partial x_1 \partial x_2} \\[2ex] \dfrac{\partial^2 f}{\partial x_2 \partial x_1} & \dfrac{\partial^2 f}{\partial x_2^2} \end{bmatrix} \tag{2.2}$$

x_k 是权重和偏置,计算起来比较复杂。因此在 Levenberg-Marquardt 算法中,我们做了一个近似

$$H = J^\mathrm{T} J \tag{2.3}$$

其中,

$$J = \begin{bmatrix} \dfrac{\partial f}{\partial x_1} & \dfrac{\partial f}{\partial x_2} \end{bmatrix} \tag{2.4}$$

近似 Hessian 矩阵为

$$H = \begin{bmatrix} \left(\dfrac{\partial f}{\partial x_1}\right)^2 & \dfrac{\partial f}{\partial x_1}\dfrac{\partial f}{\partial x_2} \\[2ex] \dfrac{\partial f}{\partial x_1}\dfrac{\partial f}{\partial x_2} & \left(\dfrac{\partial f}{\partial x_2}\right)^2 \end{bmatrix} \tag{2.5}$$

这是二阶导数的近似值。梯度是

$$g = J^\mathrm{T} e \tag{2.6}$$

其中,e 是误差向量。Levenberg-Marquardt 使用以下算法更新权重和偏置:

$$x_{k+1} = x_k - [J^\mathrm{T} J + \mu I]^{-1} J^\mathrm{T} e \tag{2.7}$$

其中,I 是单位矩阵(所有对角元素都等于 1 的矩阵)。如果参数 μ 的值为零,则该算法退化为牛顿算法。如果 μ 的值较大,就退化为优化速度更快的梯度下降算法。因此,参数 μ 是一个控制参数。在完成该步骤之后,由于我们不太需要更快的梯度下降算法,因此降低参数 μ 的值。

用户可能会有这样的疑问,为什么梯度如此重要,为什么梯度能让我们陷入困境?图 2.7 显示了具有局部和全局最小值的曲线。如果我们的搜索首先进入局部最小值,则梯度会很陡,并将使我们很快到达底部,因此可能无法从中脱身,从而无法找到最佳的解决方案。

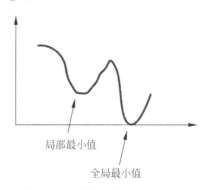

局部最小值

全局最小值

图 2.7　局部最小值和全局最小值

即使是非常简单的问题,代价函数也可能非常复杂。我们将在 2.5 节中讨论可以解决该问题的著名 Zermelo 问题。

2.5　策梅洛问题

通过研究策梅洛(Zermelo)问题,可以深入了解全局优化问题[7]。策梅洛问题是航行体在速度场中以恒定速度行驶时的二维轨迹问题,在该速度场中,速度是关于位置的函数,例如,具有给定最大速度的船在强流中航行。每个轴(u,v)上水流的大小和方向是位置的函数:$u(x,y)$和$v(x,y)$。最终目标是操纵船舶找到两点之间的最小时间轨迹。对于只有在 x 方向上的水流为非零,且 x 方向上的水流是船只 y 轴位置的线性函数的情况,可以有一个解析解。其运动 f 的方程为

$$\begin{cases} \dot{x} = V\cos\theta + u(x,y) = V\cos\theta - V\dfrac{y}{h} \\ \dot{y} = V\sin\theta + v(x,y) = V\sin\theta \end{cases} \tag{2.8}$$

其中,V 是船相对于水流(速度恒定)的速度;θ 是船相对于 x 轴的角度,是问题中的控制变量。该问题的特征维数为 h,系统的哈密顿量(Hamiltonian)为

$$H = \lambda_x(V\cos\theta + u) + \lambda_y(V\sin\theta + v) + 1 \tag{2.9}$$

对于最优控制问题,需要求解以下方程式:

$$\dot{x} = f(\boldsymbol{x}, \boldsymbol{u}, t) \tag{2.10}$$

$$\dot{\boldsymbol{\lambda}}(t)^{\mathrm{T}} = -\frac{\partial \boldsymbol{H}}{\partial \boldsymbol{x}} \tag{2.11}$$

$$\frac{\partial \boldsymbol{H}}{\partial \boldsymbol{u}} = 0 \tag{2.12}$$

如果最终时间不受限制并且哈密顿量不是时间的显式函数,则

$$H(t) = 0 \tag{2.13}$$

协态方程(costate equations)为

$$\dot{\boldsymbol{\lambda}} = -\frac{\partial \boldsymbol{f}^{\mathrm{T}}}{\partial \boldsymbol{x}}\boldsymbol{\lambda} \tag{2.14}$$

其中,关于向量 $\boldsymbol{x}$ 的偏导数的边界条件未知。式(2.12)中的最优条件变为

$$0 = \frac{\partial \boldsymbol{f}^{\mathrm{T}}}{\partial \boldsymbol{u}}\boldsymbol{\lambda} \tag{2.15}$$

其中,下标表示关于控制向量 $\boldsymbol{u}$ 的偏导数,它提供了控制量与协态之间的关系。

应用式(2.14)的协态方程,我们首先计算状态方程的偏导数:

$$\frac{\partial \boldsymbol{f}}{\partial \boldsymbol{x}} = \begin{bmatrix} 0 & -V/h \\ 0 & 0 \end{bmatrix} \tag{2.16}$$

将偏导数矩阵的转置代入式(2.15),则得到了协态导数:

$$\dot{\boldsymbol{\lambda}} = -\begin{bmatrix} 0 & 0 \\ -V/h & 0 \end{bmatrix}\begin{bmatrix} \lambda_x \\ \lambda_y \end{bmatrix} = \begin{bmatrix} 0 \\ \lambda_x\dfrac{V}{h} \end{bmatrix} \tag{2.17}$$

然后,计算状态方程关于控制向量的偏导数:

$$\frac{\partial \boldsymbol{f}}{\partial \boldsymbol{u}} = \begin{bmatrix} -V\sin\theta \\ V\cos\theta \end{bmatrix} \tag{2.18}$$

从而可以根据式(2.15)中的最优条件计算控制角 θ:

$$\begin{cases} \begin{bmatrix} -V\sin\theta & V\cos\theta \end{bmatrix} \begin{bmatrix} \lambda_x \\ \lambda_y \end{bmatrix} = 0 \\ \tan\theta = \dfrac{\lambda_y}{\lambda_x} \end{cases} \tag{2.19}$$

上述方程可用于间接优化方法。当最终位置为原点(0,0)时,也可以计算该问题的解析解。最优控制角是当前位置的函数,表示为

$$\frac{y}{h} = \sec\theta - \sec\theta_f \tag{2.20}$$

$$\frac{x}{h} = -\frac{1}{2}\left[\sec\theta_f(\tan\theta_f - \tan\theta) - \tan\theta_f(\sec\theta_f - \sec\theta) + \log\frac{\tan\theta_f + \sec\theta_f}{\tan\theta + \sec\theta}\right] \tag{2.21}$$

其中, θ_f 是最终控制角, log 的底为 e,即 $\log_e$(或 ln)。这些方程使我们能够在给定初始位置的情况下求解初始控制角 θ_0 和最终控制角 θ_f。

代价函数虽然看起来很简单,但却有一个非常复杂的表面,如图 2.8 所示。一片非常平坦的区域后,就是一系列深谷。

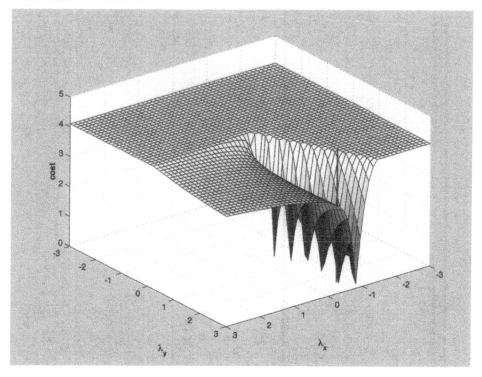

图 2.8　策梅洛问题的代价函数

对于每种被测试的方法,经过一定的反复试验,然后选择最优参数,以获得最佳结果。最终的向量 λ 在每种情况下是不同的。但是,控制是由比率决定的,因此幅度大小并不重要。表 2.1 给出了该问题的解析解和数值解。初始条件为 $[3.66;-1.86]$,最终条件为 $[0;0]$。

表 2.1 解决方案

测　　试	λ_x	λ_y	比率(Ratio)
解析法	-0.5	$1.866\,025$	$-0.267\,95$
下山单纯形法	$-0.659\,46$	2.9404	$-0.224\,28$
模拟退火	$-0.686\,52$	2.4593	$-0.279\,15$
遗传算法	$-0.788\,99$	2.9404	$-0.268\,33$

利用深度学习寻找圆形

3.1 引言

寻找圆形可作为一个分类问题。当给定一组几何形状,我们希望通过深度学习系统将该组分为圆形以及其他形状两类。这比对人脸或数字进行分类要简单得多。这是确定分类系统运行状况是否良好的好方法。我们将使用卷积网络来进行分类,因为它是最适合分类图像数据的模型。

在本章中,首先我们将生成一组图像数据,即一组椭圆,其中一个子集是圆。然后,我们将使用卷积构建神经网络,并对其进行训练以识别圆。最后,测试网络,并尝试一些不同的训练选项以及层结构。

3.2 结构

卷积网络由多层组成,每层都有特定的含义及用途。作为卷积网络的一部分,这些层可以用不同的参数重复。我们将使用的层类型包括:

(1) 图像输入层(imageInputLayer);

(2) 二维卷积层(convolution2dLayer);

(3) 批标准化层(batchNormalizationLayer);

(4) 激活函数层(reluLayer);

(5) 二维最大池化层(maxPooling2dLayer);

(6) 全连接层(fullyConnectedLayer);

(7) softmax 层(softmaxLayer);

(8) 分类层(classificationLayer)。

每种类型的层均可有多个子层。一些卷积网可含数百层。Krizhevsky[1] 和 Bai[3] 给出了组织层的指导准则。研究训练和验证中的损失可以帮助改善神经网络。

3.2.1　图像输入层

图像输入层告诉网络图像的尺寸信息。例如：

```
1  layer = imageInputLayer([28 28 3]);
```

表示图像是 28×28 像素的 RGB 图像。

3.2.2　二维卷积层

卷积是提取图像中我们期望的特征的过程,其本质是一种矩阵乘法运算。该层对图像应用滑动卷积滤波器以提取特征。用户可指定滤波器和步幅,定义矩阵的大小及其数值。对大多数的图像进行卷积,需要利用多个滤波器,例如:人脸图像。一些滤波器的类型如下:

(1) 模糊滤波器 ones(3,3)/9;

(2) 锐化滤波器 $[0 -1 0; -1 5 -1; 0 -1 0]$;

(3) 用于边缘检测的水平索贝尔滤波器 $[-1 -2 -1; 0 0 0; 1 2 1]$;

(4) 用于边缘检测的垂直索贝尔滤波器 $[-1 0 1; -2 0 2; -1 0 1]$。

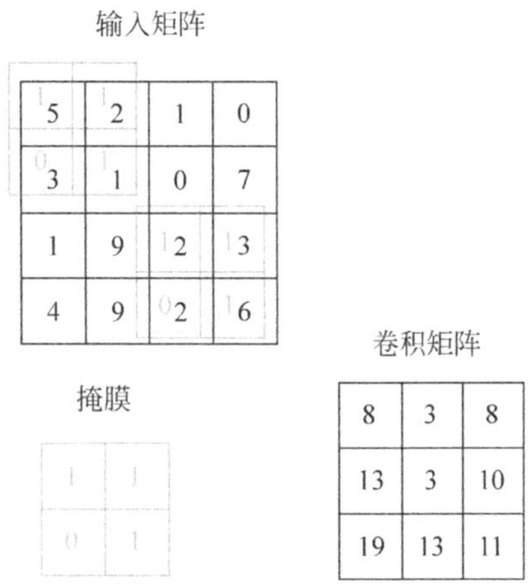

我们创建一个 $n \times n$ 的掩膜(mask),应用于 $m \times m$ 的数据矩阵,其中 $m > n$。如图 3.1 所示,从矩阵的左上角开始,将掩膜乘以输入矩阵中的相应元素,然后求和。这是卷积输出的第一个元素。然后逐列移动它,直到掩膜的最高列与输入矩阵的最高列对齐。将其返回到第一列,并增大行数。然后继续,直到遍历整个输入矩阵,并且掩膜与最大行和最大列对齐为止。

输入矩阵

5	2	1	0
3	1	0	7
1	9	2	3
4	9	2	6

掩膜

卷积矩阵

8	3	8
13	3	10
19	13	11

图 3.1　卷积过程(显示过程开始和结束时的掩膜)

掩膜表示了一种特征。实际上,我们要观察该特征是否出现在图像的不同区域。以下用一个 2×2 的掩膜和一个 L 卷积(L. Convolution)来演示卷积过程:

Convolution.m

```
1  %% Demonstrate convolution
2
3  filter = [1 0;1 1]
4  image  = [0 0 0 0 0 0;...
5            0 0 0 0 0 0;...
6            0 0 1 0 0 0;...
7            0 0 1 1 0 0;...
8            0 0 0 0 0 0]
```

```
9
10   out = zeros(3,3);
11
12   for k = 1:4
13     for j = 1:4
14       g = k:k+1;
15       f = j:j+1;
16       out(k,j) = sum(sum(filter.*image(g,f)));
17     end
18   end
19
20   out
```

"3"出现在图像中"L"的位置。

```
>> Convolution
filter =
     1     0
     1     1
image =
     0     0     0     0     0     0
     0     0     0     0     0     0
     0     0     1     0     0     0
     0     0     1     1     0     0
     0     0     0     0     0     0
out =
     0     0     0     0
     0     1     1     0
     0     1     3     1
     0     0     1     1
```

我们可采用多个掩膜。对于每个特征,掩膜的每个元素有一个偏置和一个权重。在该情况下,卷积作用于图像本身。卷积也可应用于其他卷积层或池化层的输出。池化层进一步压缩数据。在深度学习中,掩膜被确定为学习过程的一部分。掩膜中的每个像素都具有权重,并且可具有偏置。这些是从学习数据中计算出来的。卷积应该突出数据中的重要特征。随后的卷积层缩小了特征。MATLAB 函数有两个输入:filterSize,以标量或数组[h,w]的形式指定滤波器的高度和宽度;numFilters,滤波器的数量。

3.2.3 批标准化层

批标准化层对小批次中的每个输入通道进行规范化。它会自动将输入通道分成多个批次,从而降低对初始化的敏感性。

3.2.4 激活函数层

reluLayer 是一个使用整流线性单元激活函数的层。

$$f(x) = \begin{cases} x, & x \geqslant 0 \\ 0, & x < 0 \end{cases} \tag{3.1}$$

它的导数是

$$\frac{\mathrm{d}f}{\mathrm{d}x} = \begin{cases} 1, & x \geqslant 0 \\ 0, & x < 0 \end{cases} \tag{3.2}$$

这计算起来非常快速。它表明神经元仅在正值时被激活,而且对于大于零的任何值。激活函数均是线性的,并可以通过偏置来调整激活点。下列代码生成了一个 reluLayer:

```
x = linspace(-8,8);
y = x;
y(y<0) = 0;
PlotSet(x,y,'x label','Input','y label','reluLayer','plot title',
    'reluLayer')
```

图 3.2 显示了激活功能。另一种方法是带泄漏激活函数(leaky reluLayer),其值不低于零。代码段中 y 计算的差异是:

```
x = linspace(-8,8);
y = x;
y(y<0) = 0.01*x(y<0);
PlotSet(x,y,'x label','Input','y label','reluLayer','plot title','leaky
    reluLayer')
```

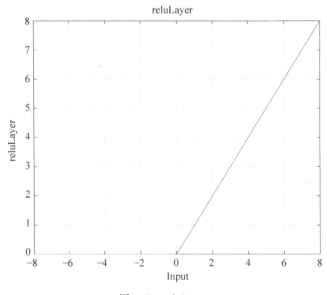

图 3.2 reluLayer

图 3.3 显示了带泄漏激活函数,在零下方有一个轻微的坡度。

带泄漏线性整流解决了死区线性整流问题——因为激活问题的输入低于零或任何其他阈值,从而使网络停止学习。它应该会让读者对如何初始化网络少一些担心。

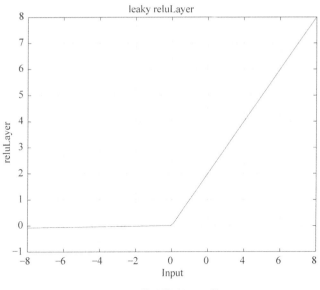

图 3.3　带泄漏激活函数

3.2.5　二维最大池化层

二维最大池化层（maxPooling2dLayer）创建一个层，将 2D 输入分解成矩形的池化区域，并输出每个区域的最大值。poolSize 指定池化区域的宽度和高度。poolSize 可以有一个元素（对于正方形区域）或两个元素。这是一种减少需要评估的输入数量的方法。典型图像的大小都超过百万像素，因此将所有像素都用作输入是不切实际的。此外，大多数图像或任何类型的二维实体都没有足够的信息来要求精细分割区域。用户可以尝试池化，看看它如何为您的应用程序工作。另一种方法是二维平均池化层（averagePooling2dLayer）。

3.2.6　全连接层

全连接层通过权重和偏置将所有输入连接到输出。例如：

```
layer = fullyConnectedLayer(10);
```

对于任意数量的输入创建 10 个输出。用户不必指定输入。实际上，有等式

$$y = ax + b \qquad (3.3)$$

如果有 m 个输入和 n 个输出，b 是长度为 n 的列偏置矩阵，a 是 $n \times m$ 的矩阵。

3.2.7　softmax 层

softmax 使用逻辑函数找到一组值的最大值。softmax 是下列集合中的最大值：

$$p_k = e^{\frac{q_k}{\sum e^{q_k}}} \tag{3.4}$$

```
>> q = [1,2,3,4,1,2,3]

q =

    1    2    3    4    1    2    3

>> d = sum(exp(q));
>> p = exp(q)/d

p =

    0.0236   0.0643   0.1747   0.4748   0.0236   0.0643   0.1747
```

在本例中,两种情况下的最大值都是第四个元素,所以这只是一种平滑输入的方法。softmax 层用于多类别分类,因为它保证了良好的概率分布(概率之和是 1)。

3.2.8　分类层

分类层计算还包含具有互斥类的多分类问题的交叉熵损失。损失不是一个百分比,它是训练神经网络过程中的误差之和。对于分类,损失通常是负对数似然,即

$$L(y) = -\log(y) \tag{3.5}$$

其中,y 是 softmax 层的输出。

对于回归,它是平方残差和,损失越大代表拟合得越差。

交叉熵损失意味着被分类的项目只能在一个类别中。而在该问题中,我们仅有两个类,即圆或椭圆。由于类的数量是从上一层的输出中推断出来的,所以前一层的输出数必须是 2。交叉熵是原始概率分布和模型预测分布之间的距离,定义为

$$H(y,p) = -\sum_i y_i \log p_i \tag{3.6}$$

其中,i 是该类的索引。它是一个广泛使用的均方误差的替代品,用于神经网络,其中,softmax 激活位于输出层。

3.2.9　将层结构化

对于我们的第一个识别圆的网络,我们将使用下面的一组层。第一层是输入层,用于 32×32 的分辨率相当低的图像,但是可以从视觉上确定哪些是椭圆,哪些是圆,所以我们希望神经网络也能这样做。然而,输入图像的大小是一个重要的考虑因素。在例子中,我们的图像紧紧围绕形状裁剪。在更普遍的问题中,感兴趣的对象(例如一只猫)可能处于一般情况下(位于图像的任何位置)。

我们依次使用卷积二维层、批标准化层和激活函数层,每两层中间有一个池化层。有三组卷积层,每组的滤波器越来越多。输出层集合由一个全连接层、softmax 层和最后的分类层组成。

EllipsesNeuralNet.m

```
1   %% Define the layers for the net
2   % This gives the structure of the convolutional neural net
3   layers = [
4       imageInputLayer(size(img))
5
6       convolution2dLayer(3,8,'Padding','same')
7       batchNormalizationLayer
8       reluLayer
9
10      maxPooling2dLayer(2,'Stride',2)
11
12      convolution2dLayer(3,16,'Padding','same')
13      batchNormalizationLayer
14      reluLayer
15
16      maxPooling2dLayer(2,'Stride',2)
17
18      convolution2dLayer(3,32,'Padding','same')
19      batchNormalizationLayer
20      reluLayer
21
22      fullyConnectedLayer(2)
23      softmaxLayer
24      classificationLayer
25          ];
```

3.3 生成数据：椭圆和圆

3.3.1 问题

我们想在 MATLAB 中生成任意大小和不同厚度的椭圆和圆的图像。

3.3.2 解决方案

编写一个 MATLAB 函数来绘制圆和椭圆，并从图形窗口中提取图像数据。函数将创建一组椭圆和用户指定数量的圆。实际的绘图和最终缩小的图像都将显示在图形窗口中，以便跟踪进度并验证图像看起来是否符合预期。

3.3.3 运行过程

在脚本 GenerateEllipses.m 中实现。该函数的输出是一个元胞数组，其中包含椭圆数据和一组使用 getframe 函数从 MATLAB 图形中获得的图像数据。该函数还输出图像的类型，即"真实"数据。

GenerateEllipses.m

```
1   %% GENERATEELLIPSES Generate random ellipses
2   %% Form
3   %   [d, v] = GenerateEllipses(a,b,phi,t,n,nC,nP)
4   %% Description
5   % Generates random ellipses given a range of sizes and max rotation.
        The number
6   % of ellipses and circles must be specified; the total number generated
        is their
7   % sum. Opens a figure which displays the ellipse images in an animation
        after
8   % they are generated.
9   %% Inputs
10  %   a     (1,2) Range of a sizes of ellipse
11  %   b     (1,2) Range of b sizes of ellipse
12  %   phi   (1,1) Max rotation angle of ellipse
13  %   t     (1,1) Max line thickness in the plot of the circle
14  %   n     (1,1) Number of ellipses
15  %   nC    (1,1) Number of circles
16  %   nP    (1,1) Number of  pixels, image is nP by nP
17  %
18  %% Outputs
19  %   d        {:,2} Ellipse data and image frames
20  %   v        (1,:) Boolean for circles, 1 (circle) or 0 (ellipse)
```

代码的第一部分生成随机的椭圆和圆，它们都在图像的中心。

GenerateEllipses.m

```
1   nE      = n+nC;
2   d       = cell(nE,2);
3   r       = 0.5*(mean(a) + mean(b))*rand(1,nC)+a(1);
4   a       = (a(2)-a(1))*rand(1,n) + a(1);
5   b       = (b(2)-b(1))*rand(1,n) + b(1);
6   phi     = phi*rand(1,n);
7   cP      = cos(phi);
8   sP      = sin(phi);
9   theta   = linspace(0,2*pi);
10  c       = cos(theta);
11  s       = sin(theta);
12  m       = length(c);
13  t       = 0.5+(t-0.5)*rand(1,nE);
14  aMax    = max([a(:);b(:);r(:)]);
15
16  % Generate circles
17  for k = 1:nC
18    d{k,1} = r(k)*[c;s];
19  end
20
21  % Generate ellipses
22  for k = 1:n
23    d{k+nC,1} = [cP(k) sP(k);-sP(k) cP(k)]*[a(k)*c;b(k)*s];
```

```
24  end
25
26  % True if the object is a circle
27  v          = zeros(1,nE);
28  v(1:nC) = 1;
```

下一部分代码生成一个显示所有椭圆和圆的 3D 图,这只是为了向用户展示已经创建了什么。代码将所有椭圆放在 $z \pm 1$ 之间。当想生成更多的椭圆时,可对此进行调整。

```
1   % 3D Plot
2   NewFigure('Ellipses');
3   z    = -1;
4   dZ   = 2*abs(z)/nE;
5   o    = ones(1,m);
6   for k = 1:length(d)
7     z    = z + dZ;
8     zA   = z*o;
9     plot3(d{k}(1,:),d{k}(2,:),zA,'linewidth',t(k));
10    hold on
11  end
12  grid on
13  rotate3d on
```

下一部分代码将帧转换为 $nP \times nP$ 的灰度图像。我们将图形设置为正方形,并将轴设置为“相等”(equal),使圆具有正确的长宽比,并且实际上在图像中是圆形的;否则,它们也会以椭圆的形式出现,我们的神经网络无法对它们进行分类。该代码块在窗口的右侧绘制调整图像尺寸之后的图像,标题显示当前步骤。每一步之间都有短暂的停顿。实际上,它是一个动画,用来通知用户脚本的进度。

```
1   % Create images - this might take a while for a lot of images
2   f = figure('Name','Images','visible','on','color',[1 1 1]);
3   ax1 = subplot(1,2,1,'Parent', f, 'box', 'off','color',[1 1 1] );
4   ax2 = subplot(1,2,2,'Parent',f); grid on;
5   for k = 1:length(d)
6     % Plot the ellipse and get the image from the frame
7     plot(ax1,d{k}(1,:),d{k}(2,:),'linewidth',t(k),'color','k');
8     axis(ax1,'off'); axis(ax1,'equal');
9     axis(ax1,aMax*[-1 1 -1 1])
10    frame   = getframe(ax1); % this call is what takes time
11    imSmall = rgb2gray(imresize(frame2im(frame),[nP nP]));
12    d{k,2} = imSmall;
13    % plot the resulting scaled image in the second axes
14        imagesc(ax2,d{k,2});
15    axis(ax2,'equal')
16        colormap(ax2,'gray');
17    title(ax2,['Image ' num2str(k)])
18        set(ax2,'xtick',1:nP)
19        set(ax2,'ytick',1:nP)
20        colorbar(ax2)
```

```
21     pause(0.2)
22  end
23  close(f)
```

转换函数是 rgb2gray(imresize(frame2im(frame),[nP nP])),该转换执行以下步骤：

（1）使用 frame2im 函数获取帧；

（2）使用 imresize 函数调整图像尺寸为 $nP \times nP$；

（3）使用 rgb2gray 函数转换为灰度图像。

请注意，图像数据最初的像素灰度范围是从 0（黑色）到 255（白色），但是在调整大小操作期间，图像像素被平均为更浅的灰阶。进度窗口中的颜色栏显示输出图像像素灰阶的跨度范围。图像看起来像以前一样黑，因为它是用 imagesc 函数绘制的，imagesc 函数自动缩放图像以使用整个颜色表（在本例中为灰色颜色表 gray colormap）。

内置的演示生成 10 个椭圆和 5 个圆。

```
1   function Demo
2
3   a   = [0.5 1];
4   b   = [1 2];
5   phi = pi/4;
6   t   = 3;
7   n   = 10;
8   nC  = 5;
9   nP  = 32;
10
11  GenerateEllipses(a,b,phi,t,n,nC,nP);
```

图 3.4 显示生成的椭圆和显示的第一个图像。

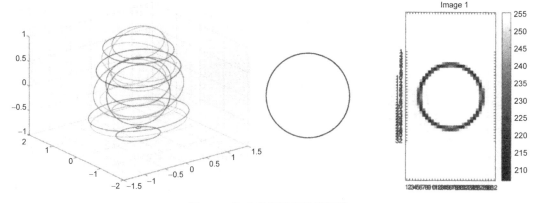

图 3.4　生成的椭圆和结果图像

脚本 CreateEllipses.m 生成 100 个椭圆和 100 个圆，将它们及其类型一起存储在 Ellipses 文件夹中。注意，我们必须用一个小技巧对文件命名。如果我们简单地将图像编号 1,2,3,…,200 附加到文件名，数据存储中的图像将不会按此顺序排列。按照字母顺序，图像将被排序为 1、10、100、101 等。为了使文件名按字母顺序与我们存储的文件类型的顺序相匹配,我们生成了一个比图像数量大 10 倍的数字,并将其添加到图像索引中,然后将其附加到文件中。现在我们有图像顺序 1001,1002,等等。

CreateEllipses.m

```matlab
1  %% Create ellipses to train and test the deep learning algorithm
2  % The ellipse images are saved  as jpegs in the folder Ellipses.
3
4  % Parameters
5  nEllipses = 1000;
6  nCircles  = 1000;
7  nBits     = 32;
8  maxAngle  = pi/4;
9  rangeA    = [0.5 1];
10 rangeB    = [1 2];
11 maxThick  = 3.0;
12 tic
13 [s, t] = GenerateEllipses(rangeA,rangeB,maxAngle,maxThick,nEllipses,
       nCircles,nBits);
14 toc
15 cd Ellipses
16 kAdd = 10^ceil(log10(nEllipses+nCircles)); % to make a serial number
17 for k = 1:length(s)
18    imwrite(s{k,2},sprintf('Ellipse%d.jpg',k+kAdd));
19 end
20
21 % Save the labels
22 save('Type','t');
23 cd ..
```

图形输出如图 3.5 所示。它首先显示 100 个圆,然后显示 100 个椭圆。脚本生成所有图像需要一些时间。

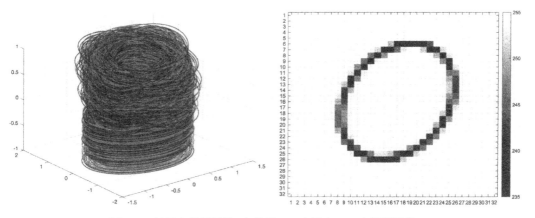

图 3.5　椭圆和结果图像(存储了 100 个圆和 100 个椭圆图像)

如果打开结果 jpegs,将看到它们实际上是带有灰色圆圈和椭圆的 32×32 规格的图像。

该案例提供了将在后续章节中用于深度学习示例的数据,所以在运行神经网络示例之前,须先运行脚本 CreateEllipses.m。

3.4　训练和测试

3.4.1　问题

我们想在大量椭圆和圆上训练和测试我们的深度学习算法。

3.4.2　解决方案

编写 EllipsesNeuralNet.m 脚本来创建、训练和测试网络。

3.4.3　运行过程

首先,我们需要加载生成的图像。3.3 节中的脚本生成了 200 个文件,其中一半是圆的图像,一半是椭圆图像。我们会将它们加载到图像数据存储处。我们显示了集合中的一些图像,以确保我们有正确的数据且被正确地标记,即文件已经被正确地匹配到它们的类型:圆(1)或椭圆(0)。

EllipsesNeuralNet.m

```matlab
%% Get the images
cd Ellipses
type = load('Type');
cd ..
t    = categorical(type.t);
imds = imageDatastore('Ellipses','labels',t);

labelCount = countEachLabel(imds);

% Display a few ellipses
NewFigure('Ellipses')
n = 4;
m = 5;
ks = sort(randi(length(type.t),1,n*m)); % random selection
for i = 1:n*m
        subplot(n,m,i);
        imshow(imds.Files{ks(i)});
    title(sprintf('Image %d: %d',ks(i),type.t(ks(i))))
end

% We need the size of the images for the input layer
img = readimage(imds,1);
```

一旦有了数据，就需要创建训练集和测试集。我们有 100 个文件，其中每个文件都有标签（椭圆或圆，即 0 或 1）。我们创建了一个包含了 80% 的文件的训练集，并使用 splitEachLabel 函数将剩余的文件保留为测试集。标签也可以是名称，如"圆"和"椭圆"。就一般情况来说，最好使用描述性语言的标签。毕竟，0 或 1 可能意味着任何事情。MATLAB 软件可以处理许多类型的标签。

EllipsesNeuralNet.m

```
1  % Split the data into training and testing sets
2  fracTrain           = 0.8;
3  [imdsTrain,imdsTest]  = splitEachLabel(imds,fracTrain,'randomize');
```

网络的各层定义与前面的定义相同。下一步是训练。trainNetwork 函数获取数据、层集合和选项，运行指定的训练算法，并返回训练好的网络。该网络随后被 classify 函数调用，如本案例后面所示。这个网络是一个级联网络。关于网络的定义和训练，还有其他方法，可以在 MATLAB 文档中读到。

EllipsesNeuralNet.m

```
1   %% Training
2   % The mini-batch size should be less than the data set size; the mini-
        batch is
3   % used at each training iteration to evaluate gradients and update the
        weights.
4   options = trainingOptions('sgdm', ...
5       'InitialLearnRate',0.01, ...
6       'MiniBatchSize',16, ...
7       'MaxEpochs',5, ...
8       'Shuffle','every-epoch', ...
9       'ValidationData',imdsTest, ...
10      'ValidationFrequency',2, ...
11      'Verbose',false, ...
12      'Plots','training-progress');
14
15  net = trainNetwork(imdsTrain,layers,options);
```

图 3.6 显示了测试和训练中使用的一些椭圆，它们是使用 randi 函数从集合中随机获得的。

需要解释一下训练选项，它是一个可用于 trainingOptions 的参数对子集。函数"sgdm"的第一个输入指定了训练方法。这里有三种选择：

（1）sgdm——带动量的随机梯度下降。

（2）adam——自适应矩估计（ADAM）。

（3）rmsprop——均方根传播（RMSProp）。

"InitialLearnRate"是初始学习率。更高的学

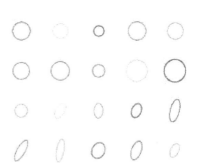

图 3.6　训练和测试中使用的椭圆子集

习率意味着学习更快,但是训练可能会陷入一个次优点。sgdm 的默认学习率为 0.01。
"MaxEpochs"是训练中使用的最大迭代次数(epoch)。在每一个 epoch 中,训练可以看到
整个训练集由很多个大小为 MiniBatchSize 的块组成。因此,每个 epoch 中的迭代次数
(iterations)由集合中的数据量和 MiniBatchSize 决定。我们将使用一个更小的数据集,所
以将 MiniBatchSize 从默认值 128 减小到 16,这将使每个 epoch 做 10 次迭代。"Shuffle"告
诉训练过程多久打乱一次训练数据。如果不打乱,数据将总是以相同的顺序出现。打乱
数据顺序可以提高训练好的神经网络的准确性。"validationFrequency"是指多久验证一
次,以迭代的频率计算;"ValidationData"是用于测试训练过程的数据,该验证数据将是我
们在使用 splitEachLabel 时为测试保留的数据,默认频率是训练每 30 次迭代(iteration)就
做一次验证。我们可以使用一个验证频率来解决 1 个、2 个或 5 个迭代的小问题。
"Verbose"意味着将状态信息打印到命令窗口。"Plots"只有"training-progress"选项(除
"none"之外)。

二维卷积层中的"padding"意味着这个输出尺寸是 ceil(inputSize/stride),其中
inputSize 是指输入的高度和宽度。

训练窗口随着训练过程实时运行,如图 3.7 所示。我们的网络以 50% 的准确率开始,
因为我们只有两个类:圆和椭圆。仅在 5 个周期后,我们的准确率就接近 100%,这表明我
们的图像类别很容易区分。损失图显示了我们做的好坏程度。损失越低,神经网络越好。
当准确度接近 100% 时,损失接近零。在这种情况下,验证数据丢失和训练数据丢失大致相
同,这表明神经网络与数据拟合良好。如果验证数据损失大于训练数据损失,则神经网络数
据会过拟合。当神经网络过于复杂时,就会发生过拟合。读者可以拟合训练数据,但是对于
新数据(如验证数据)来说,它可能表现不太好。例如,如果有一个真正线性的系统,可以把
它拟合成一个三次方程,它可能很好地拟合了数据,但并没有真正模拟真实系统。如果训练
数据损失大于验证数据的损失,则神经网络是欠拟合的。当神经网络过于简单时,就会发生
欠拟合,训练目标是使两个损失都为零。

最后,测试网络。请记住,这是一个分类问题。图像要么是椭圆,要么是圆。因此,我们
使用 classify 来实现网络分类。predLabels 是网络的输出,即测试数据的预测标签。这将
与数据存储中的真实标签进行比较,以计算分类精度。

EllipsesNeuralNet.m

```
1
2    %% Test the neural net
3  predLabels  = classify(net,imdsTest);
4  testLabels  = imdsTest.Labels;
5
6  accuracy = sum(predLabels == testLabels)/numel(testLabels);
```

测试结果如下。本次实验的准确率为 97.50%,在某些运行中,网络的准确率可达
到 100%。

```
>> EllipsesNeuralNet

ans =

  Figure (1: Ellipses) with properties:

       Number: 1
         Name: 'Ellipses'
        Color: [0.9400 0.9400 0.9400]
     Position: [560 528 560 420]
        Units: 'pixels'

  Show all properties

Accuracy is     97.50%
```

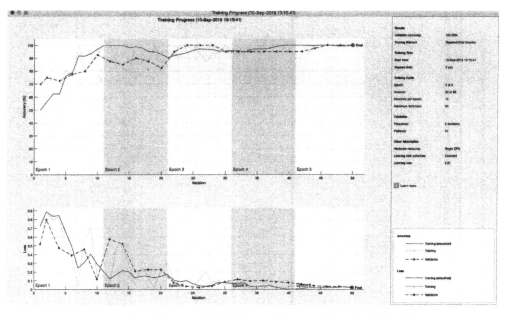

图 3.7 学习率为 0.01 的训练窗口(上图是以百分比表示的精确度)

我们可以尝试不同的激活函数。EllipsesNeuralNetLeaky 显示了一个带泄漏的 reluLayer,我们用 leakyReluLayer 代替了 reluLayer,其输出结果是相似的,但在本例中,学习的速度比以前更快,图 3.8 展示了训练结果。

EllipsesNeuralNetLeaky.m

```
1  % This gives the structure of the convolutional neural net
2  layers = [
3         imageInputLayer(size(img))
4
5         convolution2dLayer(3,8,'Padding','same')
```

```
 6      batchNormalizationLayer
 7      leakyReluLayer
 8
 9      maxPooling2dLayer(2,'Stride',2)
10
11      convolution2dLayer(3,16,'Padding','same')
12      batchNormalizationLayer
13      leakyReluLayer
14
15      maxPooling2dLayer(2,'Stride',2)
16
17      convolution2dLayer(3,32,'Padding','same')
18      batchNormalizationLayer
19      leakyReluLayer
20
21      fullyConnectedLayer(2)
22      softmaxLayer
23      classificationLayer
24         ];
```

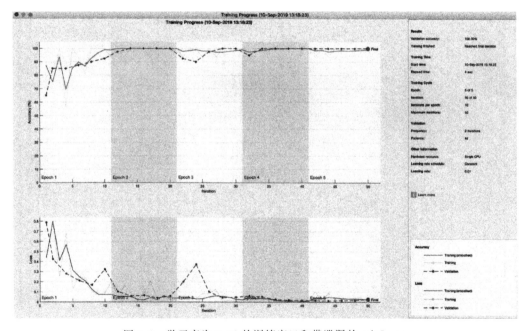

图 3.8   学习率为 0.01 的训练窗口和带泄漏的 reluLayer

带泄漏 reluLayer 的输出如下：

```
>> EllipsesNeuralNetLeaky

ans =

  Figure (1: Ellipses) with properties:
```

```
         Number: 1
           Name: 'Ellipses'
          Color: [0.9400 0.9400 0.9400]
       Position: [560 528 560 420]
          Units: 'pixels'

    Show all properties

  Accuracy is    84.25%
```

我们可尝试减少层数。EllipsesNeuralNetOneLayer 函数仅有一组层。

EllipsesNeuralNetOneLayer.m

```
1   %% Define the layers for the net
2   % This gives the structure of the convolutional neural net
3   layers = [
4         imageInputLayer(size(img))
5
6         convolution2dLayer(3,8,'Padding','same')
7         batchNormalizationLayer
8         reluLayer
9
10        fullyConnectedLayer(2)
11        softmaxLayer
12        classificationLayer
13           ];
14
15  analyzeNetwork(layers)
```

如图 3.9 所示,仅有一组层结果还不错。这表明需要在网络架构中尝试不同的选项。面对这种规模(小规模)的问题,多层并不会带来太多好处。

```
>> EllipsesNeuralNetOneLayer
ans =
  Figure (2: Ellipses) with properties:

         Number: 2
           Name: 'Ellipses'
          Color: [0.9400 0.9400 0.9400]
       Position: [560 528 560 420]
          Units: 'pixels'

    Show all properties
  Accuracy is    87.25%
```

单组层的网络足够短,使得整个事件(即问题的全过程)可以在 analyzeNetwork 的窗口内可视化,如图 3.10 所示。该函数将在开始训练之前检查层架构,并提醒发生的任何错误。激活和“可学习”的大小都被明确显示。

图 3.10 对本章内容进行了总结。我们生成了自己的图像数据,并训练一个神经网络来

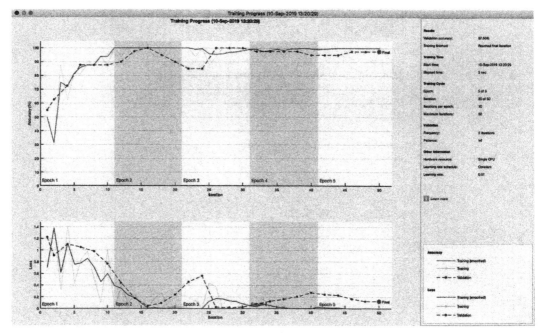

图 3.9　只有一组层（单组层）的网络的训练窗口

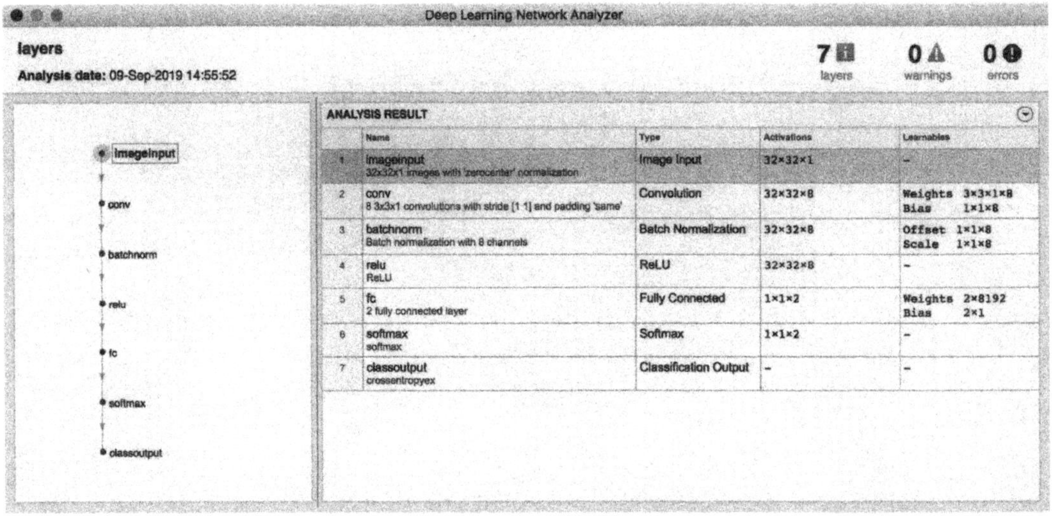

图 3.10　单组层卷积网络的分析窗口

对图像中的特征进行分类。在该例中，我们能够达到100%的准确率，但是在创建和命名图像时需要做一些调试。因此，仔细检查训练和测试数据是至关重要的，以确保其中包含用户希望识别的特征。当为不同的问题开发网络时，应该准备好相关试验的层以及训练参数。

第 4 章

电 影 分 类

4.1　引言

猜测客户想要购买什么商品是所有制造商和零售商都想做的,这样就可以将精力集中在客户最感兴趣的商品上,以避免许多无谓的工作。比如 Netflix、Hulu 以及 Amazon Prime,它们都试图帮助用户挑选电影。在本章中,我们将创建具有虚拟评分的电影数据库,并创建一组观影者(虚拟),然后尝试预测观众是否会选择观看特定电影。我们将深度学习和 MATLAB 的模式识别网络 patternnet 结合使用,结果显示,在小型电影数据集中此方法可以达到 100% 的精确度。正如我们将在本章展示的,深度学习是一种有价值的方法。

4.2　生成电影数据库

4.2.1　问题

我们首先需要生成一个电影数据库。

4.2.2　解决方案

编写 MATLAB 函数 CreateMovieDatabase.m,以创建电影数据库。电影数据库将包含类型、评论者评分(例如 IMDb)和观看者评分的字段。

4.2.3　运行过程

首先需要提出一种表征电影的方法。表 4.1 给出了我们的表征方案,MPAA(Motion Picture Association of America)表示美国电影协会,是一个电影评分组织。也可以用其他表征方案,但它足以测试我们的深度学习系统。其中字符串大小是 3 字节,数字大小是 2 字节。数字(长度)是一个连续体,数字(质量)是基于评分中的"星标",是离散值。一些电影数据库(例如 IMDb)由于它们是所有用户数据的平均,因此具有分数值。我们根据自己的想法创建了评分和体裁分类,这与实际的 MPAA 评分相比可能有所不同。

表 4.1　电影数据库中的五个特征

特　　　征	类型	值
名称	字符串	
类型	字符串	电影类型(动画、喜剧、舞蹈、戏剧、魔幻、浪漫、科幻、战争)
评分	字符串	平均评分,1~5 颗星,例如来自 IMDb 的评分
质量	星标数目	
长度	电影时长(分钟)	
MPAA 评分	字符串	MPAA 等级(PG,PG-13,R)

长度是一个浮点数,可以是任何持续长度的时间。我们将使用 randn 来生成均值为 1.8 小时,标准偏差为 0.15 小时的时间长度。星标必须为整数,大小为 1~5。

我们创建了一个 Excel 文件,其中包含了 100 部真实电影的名称,该文件随附在软件中。我们为它们分配了类型和 MPAA 评分(PG,R 等),长度和星标等级留为空白。之后,我们将 Excel 文件另存为制表符分隔的文本,并在每行中搜索制表符(还有其他方法可以从 Excel 和 MATLAB 中得到文本文件,这只是一个示例)。将数据分配给各字段,从而可以检查最大长度或等级是否为零(在这种情况下适用于所有电影),最后创建随机值。读者也可以创建带有评级的电子表格值作为扩展。我们使用 str2double,因为当用户知道该值是一个数字时它比 str2num 更快。fgetl 函数读取一行并且忽略结尾行字符(一般是换行符)。

读者可能注意到,我们在长度和等级字段中检查了非数字值,即 NaN(not a number)。

```
>> str2double('')

ans =

   NaN
```

CreateMovieDatabase.m

```
1  function d = CreateMovieDatabase( file )
2
3  if( nargin < 1 )
4    Demo
5    return
6  end
7
8  f = fopen(file,'r');
9
10 d.name     = {};
11 d.rating   = [];
12 d.length   = [];
```

```
13   d.genre     = {};
14   d.mPAA      = {};
15   t           = sprintf('\t');    % a tab character
16   k           = 0;
17
18   while(~feof(f))
19     k                = k + 1;
20     q                = fgetl(f);        % one line of the file
21     j                = strfind(q,t);    % find the tabs in the line
22     d.name{k}        = q(1:j(1)-1);     % the name is the first token
23     d.rating(1,k)    = str2double(q(j(1)+1:j(2)-1));
24     d.genre{k}       = q(j(2)+1:j(3)-1);
25         d.length(1,k)    = str2double(q(j(3)+1:j(4)-1));
26     d.mPAA{k}        = q(j(4)+1:end);
27   end % end of the file
28
29   if( max(d.rating) == 0 || isnan(d.rating(1)) )
30     d.rating = randi(5,1,k);
31   end
32
33   if( max(d.length) == 0 || isnan(d.length(1)))
34     d.length = 1.8 + 0.15*randn(1,k);
35   end
36
37   fclose(f);
```

运行以下的示例函数，在一个数据结构中创建一个电影数据库：

```
1   function Demo
2
3   file = 'Movies.txt';
4   d    = CreateMovieDatabase( file )
```

输出如下：

```
>> CreateMovieDatabase

d =

  struct with fields:

      name: {1 x 100 cell}
    rating: [1 x 100 double]
    length: [1 x 100 double]
     genre: {1 x 100 cell}
      mPAA: {1 x 100 cell}
```

以下是前几部电影的名称示例：

```
>> d.name'
ans =
  100x1 cell array
    {'2001: A Space Odyssey'          }
```

```
{'A Star is Born'                    }
{'Alien'                             }
{'Aliens'                            }
{'Amadeus'                           }
{'Apocalypse Now'                    }
{'Apollo 13'                         }
{'Back to the Future'                }
```

4.3　生成观影者数据库

4.3.1　问题

为进行模型的训练和测试,我们需要生成观影者数据库。

4.3.2　解决方案

编写 MATLAB 函数 CreateMovieViewers.m,以创建一系列观察者数据。我们将用一个概率模型,以根据电影的类别、时长和评分来选择每个观众观看过的电影。

4.3.3　运行过程

电影数据库中共 100 部电影,每个观影者将随机看到其中 20~60 部电影。每个观影者对于表 4.1 中的每个电影特征都有一定概率:观看分级为 1~5 星电影的概率,观看给定类型电影的概率,等等。(鉴于有些观众喜欢看所谓的"火鸡影片"*!)我们将结合概率来确定观众观看的电影。对于 MPAA、类型和等级这类特征,其概率将是离散的。而对于长度特征,它将是连续分布。读者也许会说,观看者总是想看评分最高的电影,但此评分是基于其他人的意见汇总,因此可能无法直接映射到特定的观看者。此功能的唯一输出是每个用户的电影编号列表,该列表放在一个元胞数组中。

我们首先创建电影类别的元胞数组,再遍历观众并计算每个电影特征的概率,然后遍历电影并计算组合概率,最后得到每个观众观看的电影列表:

CreateMovieDatabase.m

```
1  function [mvr,pWatched] = CreateMovieViewers( nViewers, d )
2
3  if( nargin < 1 )
4    Demo
5    return
6  end
7
8  mvr    = cell(1,nViewers);
```

---

*　火鸡(turkey)在俚语中指失败的作品,火鸡影片即所谓的"烂片"。

```
9   nMov   = length(d.name);
10  genre = { 'Animated', 'Comedy', 'Dance', 'Drama', 'Fantasy', 'Romance'
          ,...
11              'SciFi', 'War', 'Horror', 'Music', 'Crime'};
12  mPAA  = {'PG-13','R','PG'};
13
14  % Loop through viewers. The inner loop is movies.
15  for j = 1:nViewers
16    % Probability of watching each MPAA
17    rMPAA = rand(1,length(mPAA));
18    rMPAA = rMPAA/sum(rMPAA);
19
20    % Probability of watching each Rating (1 to 5 stars)
21    r = rand(1,5);
22    r = r/sum(r);
23
24    % Probability of watching a given Length
25    mu    = 1.5 + 0.5*rand; % preferred movie length, between 1.5 and 2 hrs
26    sigma = 0.5*rand;       % variance, up to 1/2 hour
27
28    % Probability of watching by Genre
29    rGenre = rand(1,length(genre));
30    rGenre = rGenre/sum(rGenre);
31
32    % Compute the likelihood the viewer watched each movie
33    pWatched = zeros(1,nMov);
34    for k = 1:nMov
35      pRating   = r(d.rating(k));            % probability for this rating
36      i         = strcmp(d.mPAA{k},mPAA);    % logical array with one match
37      pMPAA     = rMPAA(i);                  % probability for this MPAA
38      i         = strcmp(d.genre{k},genre);  % logical array
39      pGenre    = rGenre(i);                 % probability for this genre
40      pLength   = Gaussian(d.length(k),sigma,mu);  % probability for this
              length
41      pWatched(k) = 1 - (1-pRating)*(1-pMPAA)*(1-pGenre)*(1-pLength);
42    end
43
44    % Sort the movies and pick the most likely to have been watched
45    nInterval = floor( [0.2 0.6]*nMov );
46    nMovies = randi(nInterval);
47    [~,i]   = sort(pWatched);
48    mvr{j}  = i(1:nMovies);
49  end
```

以下代码计算高斯或正态概率分布,其输入包括标准差 sigma 和均值:

```
1  %% CreateMovieViewers>Gaussian
2  % The probability is 1 when x==mu and declines for shorter or longer
      movies
3  function p = Gaussian(x,sigma,mu)
4
5  p = exp(-(x-mu)^2/(2*sigma^2));
```

若调用内置示例函数时不输入参数,其将自动运行,并默认使用高斯函数。

```
1  %% CreateMovieViewers>Demo
2  function Demo
3
4  s = load('Movies.mat');
```

演示的输出如下所示,其显示了在 100 部电影数据库中各观影者观看的电影数量,可以看到,最多是 57 部,最少是 26 部电影。

```
1  >> CreateMovieViewers
2
3  mvr =
4
5    1x4 cell array
6
7      {1x33 double}    {1x57 double}    {1x51 double}    {1x26 double}
```

4.4　训练和测试

4.4.1　问题

为实现根据观看者选择观看的内容为其选择新电影,我们提出一种深度学习算法,并进行训练和测试。

4.4.2　解决方案

创建观众数据库,并通过观众的电影选择训练模式识别神经网络训练。此项工作在脚本 MovieNN 中完成。我们将为数据库中的每个观看者训练一个神经网络。

4.4.3　运行过程

首先,加载并显示电影数据:

MovieNN.m

```
1  %% Data
2  genre   = { 'Animated', 'Comedy', 'Dance', 'Drama', 'Fantasy', ...
3              'Romance', 'SciFi', 'War', 'Horror', 'Music', 'Crime'};
4  mPAA    = {'PG-13','R','PG'};
5  rating  = {'*' '**' '***' '****' '*****'};
6
7  %% The movies
8  s = load('Movies.mat');
```

```
9   NewFigure('Movie Data')
10  subplot(2,2,1)
11  histogram(s.d.length)
12  xlabel('Movie Length')
13  ylabel('# Movies')
14  subplot(2,2,2)
15  histogram(s.d.rating)
16  xlabel('Stars')
17  ylabel('# Movies')
18  subplot(2,1,2)
19  histogram(categorical(s.d.genre))
20  ylabel('# Movies')
21  set(gca,'xticklabelrotation',90)
```

然后从电影数据库中创建观影者数据库：

MovieNN.m

```
1   %% The movie viewers
2   nViewers = 4;
3   mvr      = CreateMovieViewers( nViewers, s.d );
```

目前观影者数据库中只有 4 个观众样本，每个观众观看的电影的相应特征分布如图 4.1
所示。

```
1   % Display the movie viewer's data
2   lX       = linspace(min(s.d.length),max(s.d.length),5);
3
4   for k = 1:nViewers
5     NewFigure(sprintf('Viewer %d',k));
6
7     subplot(2,2,1);
8     g = zeros(1,11);
9     for j = 1:length(mvr{k})
10      i     = mvr{k}(j);
11      l     = strmatch(s.d.genre{i},genre); %#ok<MATCH2>
12      g(l)  = g(l) + 1;
13    end
14    bar(1:11,g);
15    set(gca,'xticklabel',genre,'xticklabelrotation',90,'xtick',1:11)
16    xlabel('Genre')
17    title(sprintf('Viewer %d',k))
18    grid on
19
20    subplot(2,2,2);
21    g = zeros(1,5);
22    for j = 1:5
23      for i = 1:length(mvr{k})
24        if( s.d.length(mvr{k}(i)) > lX(j) )
25          g(j)  = g(j) + 1;
26        end
27      end
28    end
29    bar(1:5,g);
```

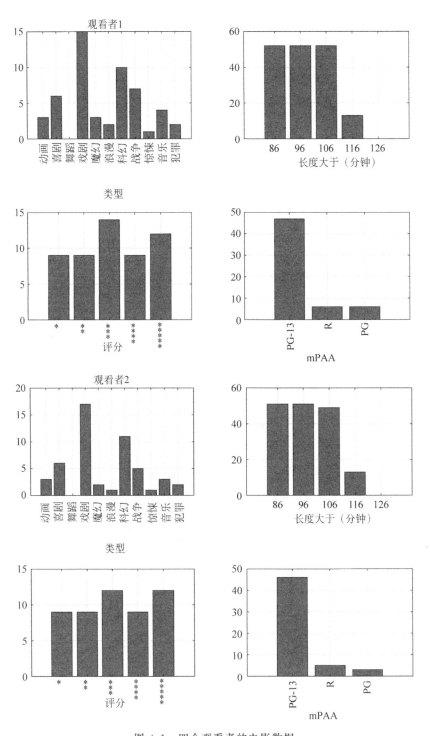

图 4.1　四个观看者的电影数据

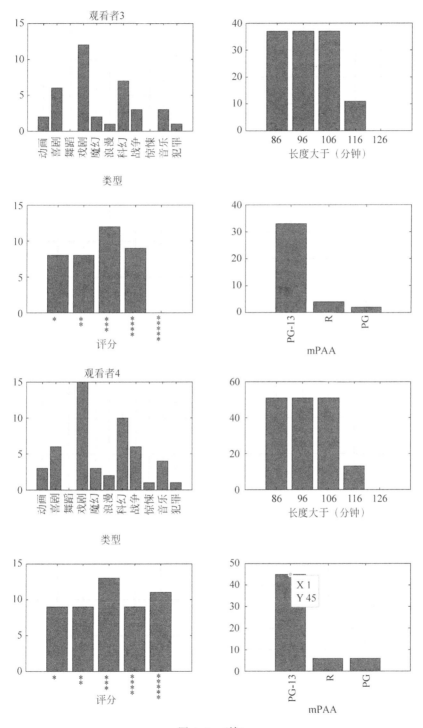

图 4.1 （续）

```
30    set(gca,'xticklabel',floor(lX*60),'xtick',1:5)
31    xlabel('Length Greater Than (min)')
32    grid on
33
34    subplot(2,2,3);
35    g = zeros(1,5);
36    for j = 1:length(mvr{k})
37      i       = mvr{k}(j);
38      l       = s.d.rating(i);
39      g(l)    = g(l) + 1;
40    end
41    bar(1:5,g);
42    set(gca,'xticklabel',rating,'xticklabelrotation',90,'xtick',1:5)
43    xlabel('Rating')
44    grid on
45
46    subplot(2,2,4);
47    g = zeros(1,3);
48    for j = 1:length(mvr{k})
49      i       = mvr{k}(j);
50      l       = strmatch(s.d.mPAA{i},mPAA); %#ok<MATCH2>
51      g(l)    = g(l) + 1;
52    end
53    bar(1:3,g);
54    set(gca,'xticklabel',mPAA,'xticklabelrotation',90,'xtick',1:3)
55    xlabel('mPAA')
56    grid on
57  end
```

在整个过程中均使用条形图,需注意我们如何制作电影类别的 x 标签字符串并依此类推,为了清楚起见,我们将它们旋转了 90°。在图中,"长度"特征分布是指电影时长大于该长度的电影数目,长度是比该数目长的电影数目。

此数据基于我们之前的观影者模型,该模型基于联合概率分布。我们将在电影的子集上训练神经网络,这实际上是一个分类问题,最后可以确定观众是否会选择给定的电影。patternnet 可以训练和查看,我们使用 patternnet 来预测观众将观看的电影,这将在下一个代码块中显示。patternnet 的输入是隐藏层的大小,在本例中为单层大小 40。我们将所有内容都转换为整数,尽管标签是整数,但由于 patternnet 不会返回整数,因此需要对结果进行四舍五入。

```
1   %% Train and test the neural net for each viewer
2   for k = 1:nViewers
3     % Create the training arrays
4     x = zeros(4,100); % the input data
5     y = zeros(1,100); % the target - did the viewer watch the movie?
6
7     nMov = length(mvr{k}); % number of watched movies
8     for j = 1:nMov
9       i     = mvr{k}(j); % index of the jth movie watched by the kth
            viewer
10      x(1,j) = s.d.rating(i);
```

```
11     x(2,j) = s.d.length(i);
12     x(3,j) = strmatch(s.d.mPAA{i},mPAA,'exact'); %#ok<*MATCH3>
13     x(4,j) = strmatch(s.d.genre{i},genre,'exact');
14     y(1,j) = 1; % movie watched
15   end
16
17   i = setdiff(1:100,mvr{k}); % unwatched movies
18   for j = 1:length(i)
19     x(1,nMov+j) = s.d.rating(i(j));
20     x(2,nMov+j) = s.d.length(i(j));
21     x(3,nMov+j) = strmatch(s.d.mPAA{i(j)},mPAA,'exact');
22     x(4,nMov+j) = strmatch(s.d.genre{i(j)},genre,'exact');
23     y(1,nMov+j) = 0; % movie not watched
24   end
25
26   % Create the training and testing data
27   j       = randperm(100);
28   j       = j(1:70);  % train using 70% of the available data
29   xTrain  = x(:,j);
30   yTrain  = y(1,j);
31   j       = setdiff(1:100,j);
32       xTest    = x(:,j);
33   yTest   = y(1,j);
34
35   net     = patternnet(40); % input a scalar or row of layer sizes
36   net     = train(net,xTrain,yTrain);
37   view(net);
38   yPred = round(net(xTest));
39
40   %% Test the neural net
41   accuracy = sum(yPred == yTest)/length(yTest);
42   fprintf('Accuracy for viewer %d (%d movies watched) is %8.2f%%\n',...
43     k,nMov,accuracy*100)
44   end
```

　　训练窗口如图 4.2 所示。当我们查看网络时,MATLAB 将在图 4.3 中打开显示。每个网络都有四个输入,分别用于电影的评分、长度、类型和 MPAA 分类。网络的单个输出是观众是否观看电影,训练窗口提供对训练和性能数据的其他图的访问。

　　该脚本的输出显示为 patternnet(40)。准确度表示为在电影测试集(全部可用数据的 30%)中该网络预测正确所占的比例。对于图 4.3 所示的网络结构,最终的精度通常在 65%～90%,patternnet(40) 返回良好的结果。我们也尝试了更多的层数和多个隐藏层,例如,如果层大小仅为 5,则精度范围为 50%～70%。层大小为 50 时,所有观众的观看率都超过了 90%。当然,电影的测试集确实较少,并且由于测试中变量的随机性,每次运行的结果都会有所不同。重要的是要注意,神经网络对观影者模型一无所知。但是,它可以很好地预测观众可能喜欢的电影,预测结果可能与 Netflix 一样好。这是神经网络的优势之一。

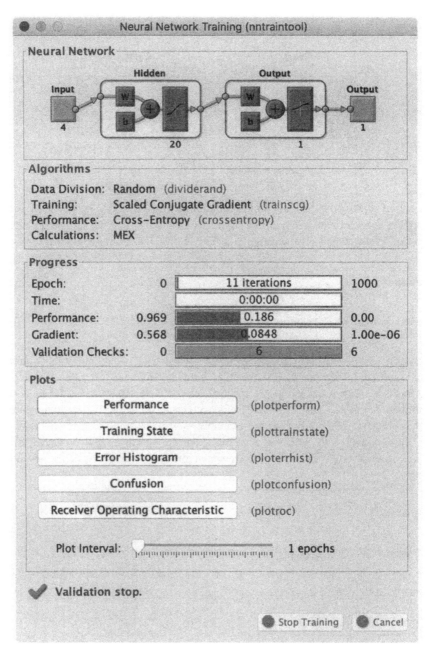

图 4.2 patternnet 训练窗口

Neural Network Training (nntraintool)—神经网络训练(神经网络训练工具);Algorithms—算法;progress—进度;
plots—图;Data Division—数据部分;Training—训练;Performance—性能;Calculations—计算;Random—随机;
Scaled Conjugate Gradient—量化共轭梯度;Cross-Entropy—交叉熵;Epoch—轮次;Time—时间;Gradient—梯度;
Validation checks—验证检查;Training State—训练状态;Error Histogram—误差直方图;Confusion—混淆(矩阵);
Receiver Operating Characteristic—接收器工作特性;Validation stop—验证结束;Stop Training—停止训练;Cancel—取消

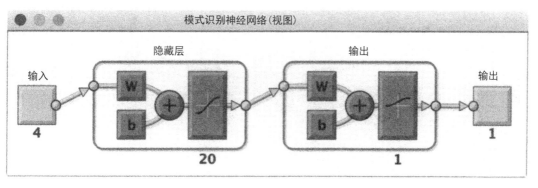

图 4.3　具有四个输入和一个输出的 patternnet 网络

第 5 章

深度学习算法

在本章中,我们将介绍算法深度学习神经网络(Algorithmic Deep Learning Neural Network,ADLNN)。这是一个将深度学习过程的算法描述作为深度学习神经网络一部分的深度学习系统。在 ADLNN 中,动力学模型提供领域知识(以微分方程形式呈现)。网络的输出既能指示故障,又包含模型参数的更新。此外,网络训练可在操作前进行模拟或在操作期间通过交互来完成。

ADLNN 是基于 Paluszek 和 Thomas 的著作[30,29]而开发的,这些文献展示了机器学习、自适应控制和估计之间的联系。ADLNN 系统如图 5.1 所示,它可封装在一组微分方程中。本例中我们只关注传感器故障。

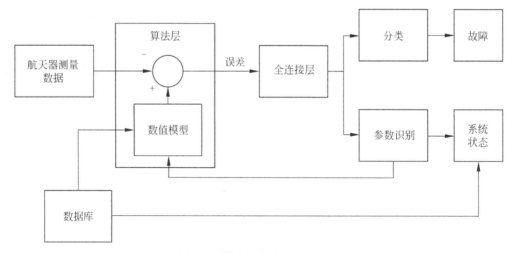

图 5.1　算法深度学习神经网络

(该网络采用数值模型作为过滤层,其中数值模型是一组被配置为检测滤波器的微分方程组)

网络的输出能指示到底发生了哪种故障,它指示其中一个或两个传感器发生故障。

图 5.2 展示了空气涡轮机的结构。该空气涡轮机具有恒压气源,通过压缩空气使涡轮机旋转。这是一种产生旋转运动的方式,可用于钻取或其他目的。

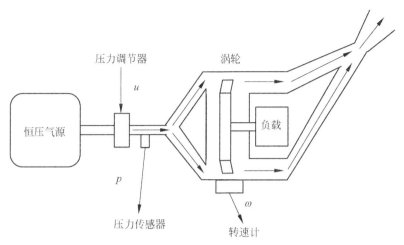

图 5.2 空气涡轮(箭头显示气流,空气流过涡轮叶片尖端,使其转动)

空气流过涡轮叶片,使其转动。因此我们可以通过控制供气阀以及压力调节器,对涡轮的速度进行控制。控制器需要调整气压以处理负载的变化,负载是旋转阻力,例如钻头在使用时可能击中较硬的材料,使阻力变大。我们测量阀门下游的气压 p,并用转速计测量涡轮的转速 ω。

空气涡轮的动力学模型为

$$\begin{bmatrix} \dot{p} \\ \dot{\omega} \end{bmatrix} = \begin{bmatrix} -\dfrac{1}{\tau_p} & 0 \\ \dfrac{K_t}{\tau_t} & -\dfrac{1}{\tau_t} \end{bmatrix} \begin{bmatrix} p \\ \omega \end{bmatrix} + \begin{bmatrix} \dfrac{K_p}{\tau_p} \\ 0 \end{bmatrix} u \tag{5.1}$$

这是一个状态空间系统

$$\dot{x} = \boldsymbol{a}x + \boldsymbol{b}u \tag{5.2}$$

其中,

$$\boldsymbol{a} = \begin{bmatrix} -\dfrac{1}{\tau_p} & 0 \\ \dfrac{K_t}{\tau_t} & -\dfrac{1}{\tau_t} \end{bmatrix} \tag{5.3}$$

$$\boldsymbol{b} = \begin{bmatrix} \dfrac{K_p}{\tau_p} \\ 0 \end{bmatrix} \tag{5.4}$$

状态变量为

$$\begin{bmatrix} p \\ \omega \end{bmatrix} \tag{5.5}$$

其中,τ_p 是调节器时间常数;τ_t 是涡轮机时间常数;ω 为转速表测量值;p 为压力传感器测量值。当系统处于平衡状态时,调节器下游的压力等于 $K_p u$。当系统处于平衡状态时,涡轮机转速为 $K_t p$。负载折合在涡轮的时间常数中。

动力学方程中等式右侧的代码如下所示。该模型的简单性在于它是一个状态空间模型,状态的数量可能很大,但代码不需要改变。如读者所见,动力学方程只有一行代码,其余部分返回默认数据结构。

RHSAirTurbine.m

```
1  if( nargin < 1 )
2    kP   = 1;
3    kT   = 2;
4    tauP = 10;
5    tauT = 40;
6    c    = eye(2);
7    b    = [kP/tauP;0];
8    a    = [-1/tauP 0; kT/tauT -1/tauT];
9
10   xDot = struct('a',a,'b',b,'c',c,'u',0);
11   if( nargout == 0 )
12     disp('RHSAirTurbine struct:');
13   end
14   return
15 end
16
17 % Derivative
18 xDot = d.a*x + d.b*d.u;
```

仿真代码 AirTurbineSim.m 如下所示。控制量是一个常数,也称为阶跃输入。TimeLabel 函数将时间向量转换为更容易阅读的单位(分钟,小时等),它还返回一个图中可以使用的时间单位的标签。

AirTurbinesim.m

```
1  %% Initialization
2  tEnd   = 1000; % sec
3
4  % State space system
5  d      = RHSAirTurbine;
6
7  % This is the regulator input.
8  d.u    = 100;
9
10 dT     = 0.02; % sec
11 n      = ceil(tEnd/dT);
12
13 % Initial state
14 x      = [0;0];
15
16 %% Run the simulation
17
```

```
18  % Plotting array
19  xP      = zeros(2,n);
20  t       = (0:n-1)*dT;
21
22  for k = 1:n
23    xP(:,k) = x;
24    x           = RungeKutta( @RHSAirTurbine, t(k), x, dT, d );
25  end
26
27  %% Plot the states and residuals
28  [t,tL] = TimeLabel(t);
29  yL      = {'p (N/m^2)' '\omega (rad/s)' };
30  tTL     = 'Air Turbine Simulation';
31  PlotSet( t, xP,'x label',tL,'y label',yL,'figure title',tTL)
```

对阶跃输入 μ 的响应如图 5.3 所示。压力比涡轮角速度稳定得更快,这是由于涡轮时间常数和压力变化的滞后性造成的。

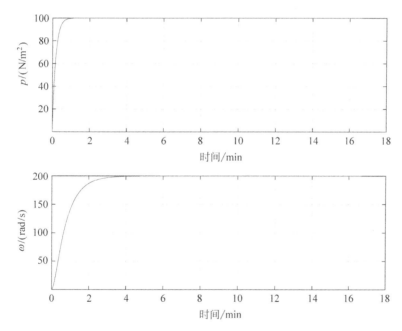

图 5.3 空气涡轮对阶跃式的压力调节器输入的响应

在构建算法滤波器或估计器时,充分理解动力学系统是必需的。现在我们已经更好地理解了空气涡轮机是如何工作的,下一步可以建立过滤器来检测传感器的故障,它不仅仅是为了让某些事物正常工作,对于一个神经网络来说,它是真正地有助于解释神经网络的性能。

5.1　构建检测过滤器

5.1.1　问题

我们希望使用先前开发的线性模型构建一个系统,以检测空气涡轮机的故障。

5.1.2　解决方案

我们将构建一个检测过滤器,以检测压力调节器和转速计故障。前述的设备模型(连续的 a, b 和 c 状态空间矩阵)将作为滤波器构建函数的输入。

5.1.3　运行过程

检测滤波器是具有特定增益矩阵(乘以残差)的估计器。

$$\begin{bmatrix} \dot{\hat{p}} \\ \dot{\hat{\omega}} \end{bmatrix} = \begin{bmatrix} -\dfrac{1}{\tau_p} & 0 \\ \dfrac{K_t}{\tau_t} & -\dfrac{1}{\tau_t} \end{bmatrix} \begin{bmatrix} \hat{p} \\ \hat{\omega} \end{bmatrix} + \begin{bmatrix} \dfrac{K_p}{\tau_p} \\ 0 \end{bmatrix} u + \begin{bmatrix} d_{11} & d_{12} \\ d_{21} & d_{22} \end{bmatrix} \begin{bmatrix} p - \hat{p} \\ \omega - \hat{\omega} \end{bmatrix} \tag{5.6}$$

其中, $\hat{p}$ 为估算压力; $\hat{\omega}$ 为估算涡轮机角速率;矩阵 D 是检测滤波器增益矩阵,该矩阵将残差,即测量状态和估计状态之间的差,相乘到检测滤波器中。残差向量为

$$r = \begin{bmatrix} p - \hat{p} \\ \omega - \hat{\omega} \end{bmatrix} \tag{5.7}$$

需要选择矩阵 D 以使残差向量告诉我们故障的性质。增益的选择应使:

(1) 滤波器稳定;

(2) 如果压力调节器发生故障,则第一个残差 $p - \hat{p}$ 不为零,但第二个残差仍保持为零;

(3) 如果涡轮机发生故障,第二个残差 $\omega - \hat{\omega}$ 不为零,但第一个残差保持零。其增益矩阵为

$$D = a + \begin{bmatrix} \dfrac{1}{\tau_1} & 0 \\ 0 & \dfrac{1}{\tau_2} \end{bmatrix} \tag{5.8}$$

将 D 代入式(5.6),可得

$$\begin{bmatrix} \dot{\hat{p}} \\ \dot{\hat{\omega}} \end{bmatrix} = \begin{bmatrix} a_{11} & a_{12} \\ a_{21} + \dfrac{K_t}{\tau_t} & a_{22} \end{bmatrix} \begin{bmatrix} \hat{p} \\ \hat{\omega} \end{bmatrix} + \begin{bmatrix} \dfrac{K_p}{\tau_p} \\ 0 \end{bmatrix} u + D \begin{bmatrix} p \\ \omega \end{bmatrix} \tag{5.9}$$

时间常数 τ_1 是压力剩余时间常数,时间常数 τ_2 是转速表剩余时间常数。这些时间常数大小应短于动力学模型中的时间常数,以便我们快速检测故障。但是它们至少应为采样周期的 2 倍,以防止数值不稳定。实际上,我们消除了设备的动态特性,并用解耦的检测滤波器动态特性代替它们。

　　我们将编写一个函数 DetectionFilter.m 来模拟检测空气涡轮机的故障,它可以进行:初始化、更新和重置。varargin 用于允许这三种情况具有不同的输入列表。函数特征标(参数的个数和数据类型)为

```
1  function d = DetectionFilter( action, varargin )
```

调用它的三种方式如下:

```
>> d = DetectionFilter( 'initialize', d, tau, dT )
>> d = DetectionFilter( 'update', u, y, d )
>> d = DetectionFilter( 'reset', d )
```

　　第一种调用方式为初始化函数,第二种方式在每个时间步进中都被调用以进行更新,最后一种用于重置滤波器。所有数据都存储在数据结构 d 中。

　　涡轮机连接到负载。空气涡轮机具有恒压空气源,该恒压空气源通过驱动涡轮机叶片的管道输送空气。空气涡轮模型是线性的,通过将调节器输入和转速表输出乘以一个常数来建模故障。常数为 0 表示完全故障,1 表示正常运行。

　　滤波器是在 DetectionFilter 中的以下代码中生成和初始化的。设备的连续状态空间模型(本例中为线性空气涡轮模型)是一个输入,所选时间常数 τ 也是一个输入,它们被添加到模型中,如式(5.8)所示。

　　该函数可以离散化矩阵 a 和 b 以及计算出的检测滤波器增益矩阵 d。

DetectionFilter.m

```
1   case 'initialize'
2     d   = varargin{1};
3     tau = varargin{2};
4     dT  = varargin{3};
5
6     % Design the detection filter
7     d.d = d.a + diag(1./tau);
8
9     % Discretize both
10    d.d          = CToDZOH( d.d, d.b, dT );
11    [d.a, d.b] = CToDZOH( d.a, d.b, dT );
12
13    % Initialize the state
14    m   = size(d.a,1);
15    d.x = zeros(m,1);
16    d.r = zeros(m,1);
```

　　检测滤波器在相同的函数中进行更新。请注意如前所述其实现的等式。

```
1    case 'update'
2        u    = varargin{1};
3        y    = varargin{2};
4        d    = varargin{3};
5        r    = y - d.c*d.x;
6        d.x  = d.a*d.x + d.b*u + d.d*r;
7        d.r  = r;
```

最后,创建一个重置操作,以允许我们在两次模拟之间重新设置滤波器的残差值和状态值。

```
1    case 'reset'
2        d    = varargin{1};
3        m    = size(d.a,1);
4        d.x  = zeros(m,1);
5        d.r  = zeros(m,1);
```

5.2　模拟故障检测

5.2.1　问题

我们想模拟一个故障,并验证神经网络进行故障检测的性能。

5.2.2　解决方案

构建一个 MATLAB 脚本,该脚本首先使用前述方法中的函数来设计检测滤波器,然后使用用户可选择的压力调节器或转速计故障对其进行模拟。故障可以是全部的(完全故障,即所有传感器都故障),也可以是部分的。

5.2.3　运行过程

DetectionFilterSim 脚本使用前述方法中的 DetectionFilter 函数设计检测过滤器,并在循环中实现。采用龙格-库塔数值积分方法对空气涡轮动力学方程右侧的连续区域进行数值积分。检测滤波器是离散时间的。

脚本有 uF 和 tachF 两个比例因子,它们乘以调节器输入和转速计输出,以模拟故障。设置比例因子为 0 表示完全故障,为 1 则表示设备运行正常。如果有一个设备故障,那么我们期望相关的残差为非零,而另一个保持为零。

DetectionFiltersim.m

```
1    %% Script to simulate a detection filter
2    % Simulates detecting failures of an air turbine. An air turbine has a
         constant
```

```
 3   % pressure air source that sends air through a duct that drives the
         turbine
 4   % blades. The turbine is attached to a load.
 5   %
 6   % The air turbine model is linear. Failures are modeled by multiplying
         the
 7   % regulator input and tachometer output by a constant. A constant of 0
         is a
 8   % total failure and 1 is perfect operation.
 9   %% See also:
10
11   % Time constants for failure detection
12   tau1 = 0.3; % sec
13   tau2 = 0.3; % sec
14
15   % End time
16   tEnd = 1000; % sec
17
18   % State space system
19   d = RHSAirTurbine;
20
21   %% Initialization
22   dT = 0.02; % sec
23   n  = ceil(tEnd/dT);
24
25   % Initial state
26   x = [0;0];
27
28   %% Detection Filter design
29   dF = DetectionFilter('initialize',d,[tau1;tau2],dT);
30
31   %% Run the simulation
32
33   % Control. This is the regulator input.
34   u = 100;
35
36   % Plotting array
37   xP = zeros(4,n);
38   t  = (0:n-1)*dT;
39
40   for k = 1:n
41     % Measurement vector including measurement failure
42     y      = [x(1);tachF*x(2)]; % Sensor failure
43     xP(:,k) = [x;dF.r];
44
45     % Update the detection filter
46     dF     = DetectionFilter('update',u,y,dF);
47
48     % Integrate one step
49     d.u    = uF*u; % Actuator failure
50     x      = RungeKutta( @RHSAirTurbine, t(k), x, dT, d );
51   end
52
53   %% Plot the states and residuals
```

```
54  [t,tL] = TimeLabel(t);
55  yL      = {'p' '\omega' 'Residual P' 'Residual \omega' };
56  tTL     = 'Detection Filter Simulation';
57  PlotSet( t, xP,'x label',tL,'y label',yL,'figure title',tTL)
```

图 5.4 中,压力调节器发生故障,其残差不为零。图 5.5 中转速计出现故障,其残差也不为零。因此,残差清楚地表明了哪一个设备产生了故障,在这里其实利用简单的布尔逻辑(if…end 语句)进行判断便足够了。

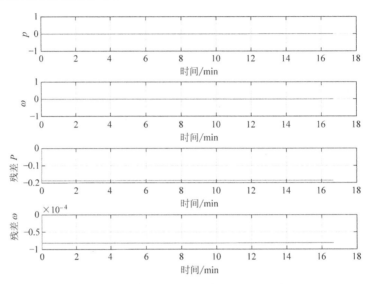

图 5.4 空气涡轮机对故障调节器的响应

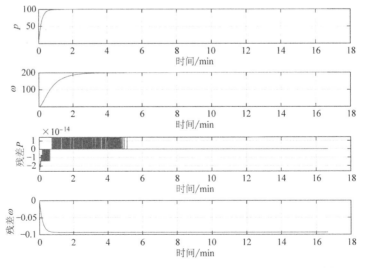

图 5.5 空气涡轮机对故障的转速计的响应(由于滤波器速度快,
残差立即达到了可以指示故障的输出水平)

这表明我们并不需要用机器学习来解决这个问题。本书使用机器学习的目的是要表明机器学习能够识别故障,并具有与更复杂的系统相耦合的潜力。

在深度学习系统中添加任何类型的滤波器都可增强其性能。检测滤波器是滤波器的一种类型,它能够滤除非故障,就像低通滤波器滤除噪声一样。当然,与任何过滤器一样,需要注意不要过滤掉学习系统所需的信息。例如,假设有一个振荡器,如果低通滤波器截止频率低于振荡频率,用户将无法获得任何有关振荡的信息。

5.3　训练和测试

5.3.1　问题

我们要用一个神经网络来表征转速表和调节器的故障。

5.3.2　解决方案

我们使用的方法与第 2 章中解决异或问题所用的方法相同。将检测滤波器的输出分类,虽然这可以通过简单的布尔逻辑来完成,但我们的重点是表明神经网络可以解决同样的问题。

5.3.3　运行过程

首先进行仿真以获得所有可能的残差,并将它们合并为 2×4 大小的数组。对于这四种情况,我们的输出都是字符串,这使代码更干净也更容易理解(以便其他人使用代码时不太可能误解输出)。同时,使用字符串而不是数字作为分类器标签,比使用整数然后将它们转换为字符串更方便。我们使用前馈网络来实现神经网络,它有两层,即两个输入和一个输出。其中,输出是系统的状态。我们首先使用 600 个随机选取的测试案例对系统进行训练,然后模拟该网络。

该网络是一个具有两层的前馈网络。有一个输出(故障)和两个来自检测滤波器的输入。我们测量每个可能的故障情况下期望得到的残差。一共得到四个结果,分别是“没有故障”“都有故障”“转速计故障”和“调节器故障”。训练数据对是通过使用 randi 函数从这四个集合中随机选择的。

DetectionFilterNN.m

```
1  % Train the neural net
2  % Cases
3  % 2 layers
4  % 2 inputs
5  % 1 output
6
7  net        = feedforwardnet(2);
8
```

```
9    %             [none both      tach         regulator]
10   residual = [0      0.18693851  0            -0.18693851;...
11                0     -0.00008143 -0.09353033 -0.00008143];
12
13   % labels is a strings array
14   label    = ["none" "both"  "tach" "regulator"];
15
16   % How many sets of inputs
17   n    = 600;
18
19   % This determines the number of inputs and outputs
20   x    = zeros(2,n);
21   y    = zeros(1,n);
22
23   % Create training pairs
24   for k = 1:n
25     j        = randi([1,4]);
26     x(:,k)   = residual(:,j);
27     y(k)     = label(j);
28   end
29
30   net      = configure(net, x, y);
31   net.name = 'DetectionFilter';
32   net      = train(net,x,y);
33   c        = sim(net,residual);
34
35   fprintf('\nRegulator  Tachometer    Failed\n');
36   for k = 1:4
37     fprintf('%9.2e %9.2e      %s\n',residual(1,k),residual(2,k),label(k));
38   end
39
40   % This only works for feedforwardnet(2);
41   fprintf('\nHidden layer biases %6.3f %6.3f\n',net.b{1});
42   fprintf('Output layer bias   %6.3f\n',net.b{2});
43   fprintf('Input layer weights %6.2f %6.2f\n',net.IW{1}(1,:));
44   fprintf('                    %6.2f %6.2f\n',net.IW{1}(2,:));
45   fprintf('Output layer weights %6.2f %6.2f\n',net.LW{2,1}(1,:));
```

训练 GUI 如图 5.6 所示。

GUI 按钮在第 2 章的异或问题中有详细描述。

结果如下所示,可以看到神经网络性能优越。命令窗口中的打印输出显示使用了两种类型的激活函数,其中输出层使用线性激活函数。

```
>> DetectionFilterNN

Regulator  Tachometer     Failed
 0.00e+00  0.00e+00       none
 1.87e-01 -8.14e-05       both
 0.00e+00 -9.35e-02       tach
-1.87e-01 -8.14e-05       regulator

Hidden layer biases -1.980  1.980
```

```
Output layer bias      0.159
Input layer weights    0.43  -1.93
                       0.65  -1.87
Output layer weights  -0.65   0.71
Hidden layer activation function tansig
Output layer activation function purelin
```

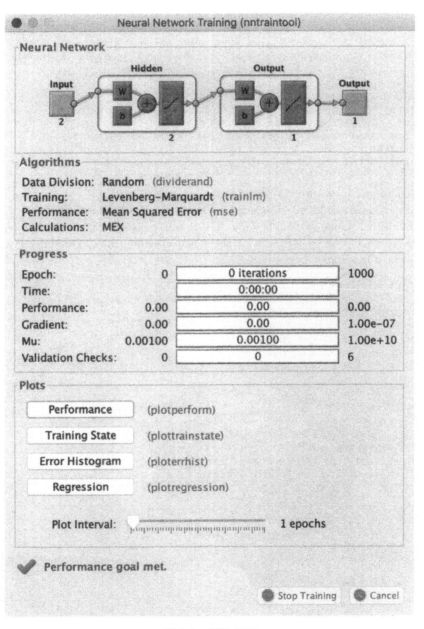

图 5.6 训练 GUI

第 6 章

托卡马克中断检测

6.1 引言

托卡马克(Tokamak)装置是一种正在研发中的用于生产基本负荷电力(基载电力)的核聚变机器。基载电力是一种一周 7 天,一天 24 小时(24/7)都需要生产、不能断供的能源,它为电网供电提供了基础。国际托卡马克实验堆(ITER)是一个从托卡马克装置生产净功率的国际项目。净功率意味着托卡马克装置产生的能量比它消耗的要多。消耗能量的地方包括加热和控制等离子体,以及为维持等离子体所需的所有辅助系统供电。研究人员研究托卡马克装置的物理现象,而这些物理现象有助于帮助我们在未来能够操作托卡马克机器。图 6.1 展示了一个托卡马克装置。内部极向场线圈像是一个转换器,负责启动等离子电流。外部极向场线圈和环形线圈负责维持等离子体电流。等离子电流自身会产生磁场,同时引导其他线圈感应出电流。

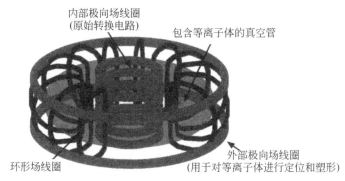

图 6.1　一个托卡马克装置(一共有三组线圈;内部极向场线圈启动等离子流,外部极向场线圈和环形线圈负责维持等离子体;为了便于看到托卡马克装置的中心,图中一部分环形线圈没被画出来)

图 6.1 中的图像是由 DrawTokamak 函数生成的,该函数调用 DCoil 和 SquareHoop 函数。这里我们并不讨论这三个函数,读者可以自行查阅它们,它们展示了用 MATLAB 创建 3D 模型非常简单。

托卡马克装置的一个问题是中断。中断是指对等离子体失去大部分控制能力,它会导致等离子体的熄灭,并在托卡马克装置壁上产生大量的热负荷和结构负荷,从而可能对托卡马克装置壁造成灾难性的损坏。这对实验机器来说是非常糟糕的后果,对发电厂来说也是不可接受,因为可能需要长达数月的时间来维修系统。

可以用于预测中断[22]的因素有:

(1) 极向 beta 值(beta 是等离子体压力和磁场压力的比值);

(2) 线积分等离子体密度;

(3) 等离子体延伸率;

(4) 除以设备次半径得到的等离子体体积;

(5) 等离子体电流;

(6) 等离子体的内部电感;

(7) 锁定模式振幅;

(8) 等离子体的垂直质心位置;

(9) 总的输入功率;

(10) 安全系数接近95%,安全系数是磁力线绕着环状真空室绕行的时间(长路径)与极向绕行的时间(短路径)之比,我们希望安全系数大于1;

(11) 总的辐射功率;

(12) 所存储的抗磁性能量的时间导数。

锁定模式是被锁定在相位和实验室框架中磁流体动力学(MHD)的不稳定性,它们可能是中断的先兆。等离子内部电感是通过对整个等离子体的电感积分而测得的。在托卡马克装置中,极向是指沿着次半径圆周的方向,环形方向是指沿着主半径圆周的方向。在等离子体中,由循环电流产生的偶极矩处于与磁场相反的方向,使得偶极矩是反磁的。反磁能量是储存在磁化的等离子体中的能量,可以用反磁测量手段来测量。

我们的系统如图 6.2 所示。我们将只研究等离子体的垂直位置和线圈电流。在这个例子中,只看等离子体的垂直位置,会发现这就足够复杂了。我们将以等离子体的垂直运动的动力学为起点,然后研究等离子体的扰动。之后,我们将设计一个垂直位置控制器。最后,我们将进入深度学习。

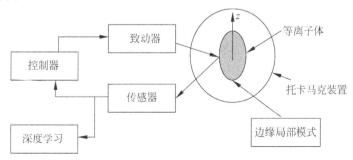

图 6.2 托卡马克装置和控制系统(ELM 指的是"边缘局部模式",是一种扰动。图中,等离子体正在极向切割托卡马克装置的圆环面)

6.2　数值模型

6.2.1　动力学

在例子中,需要一个关于中断[9,8,26]的数值模型。理想情况下,这个模型应该包括前面列表中给出的所有因素。我们使用了 Scibile[27] 中的模型,只考虑垂直运动。

等离子体上的平衡力是由等离子体中的磁场和等离子体中的电流密度引起的:

$$\boldsymbol{J} \times \boldsymbol{B} = \nabla \boldsymbol{p} \tag{6.1}$$

其中,$\boldsymbol{J}$ 是电流密度;$\boldsymbol{B}$ 是磁场强度;$\boldsymbol{p}$ 是压力,压力是作用于等离子体上单位面积的力。动量平衡方程是[2]

$$\rho \frac{\mathrm{d}v}{\mathrm{d}t} = \boldsymbol{J} \times \boldsymbol{B} - \nabla \boldsymbol{p} \tag{6.2}$$

其中,v 是等离子体速度;ρ 是等离子体密度。当 $\boldsymbol{J} \times \boldsymbol{B} \neq \nabla \boldsymbol{p}$ 时,会产生不平衡,进而造成等离子体的运动。如果忽视等离子体的质量,则可以得到

$$\boldsymbol{L}_p^{\mathrm{T}} \boldsymbol{I} + \boldsymbol{A}_{pp} z \boldsymbol{I}_p = \boldsymbol{F}_p \tag{6.3}$$

其中,$\boldsymbol{L}_p$ 是线圈的互感矩阵;$\boldsymbol{I}$ 是托卡马克线圈和等离子体周围导体外壳中的电流矢量;$\boldsymbol{A}_{pp}$ 是归一化的破坏稳定力;$\boldsymbol{F}_p$ 是归一化到等离子电流 $\boldsymbol{I}_p$ 的外力。如果将电流归入由外部电压驱动的有功电流和无源电流,则可以得到等离子体的简化模型。

利用基尔霍夫电压定律以获得动力学模型:

$$\boldsymbol{L}\dot{\boldsymbol{I}} + \boldsymbol{R}\boldsymbol{I} + \boldsymbol{L}_p \dot{z} \boldsymbol{I}_p = \boldsymbol{\Gamma} V \tag{6.4}$$

集总参数模型如图 6.3 所示。$\boldsymbol{\Gamma}$ 耦合电压到电流,$\boldsymbol{L}$ 是线圈电感矩阵,$\boldsymbol{R}$ 是线圈电阻。把它们结合起来,就得到了如下所示的状态空间矩阵,相关字母意义见表 6.1。

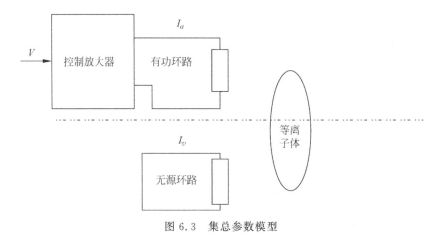

图 6.3　集总参数模型

表 6.1 来自欧洲联合环的模型参数

参　　数	描　　述	JET（欧洲联合环）	单　　位
L_{aa}	有功线圈自感	42.5×10^{-3}	H
$L_{av}=L_{va}$	无源线圈自感	0.432×10^{-3}	H
L_{vv}	有功-无源线圈互感	0.012×10^{-3}	H
R_{aa}	有功线圈电阻	35.0×10^{-3}	Ω
R_{vv}	无源线圈电阻	2.56×10^{-3}	Ω
L'_{ap}	有功线圈和等离子体位移的互感电导	115.2×10^{-6}	H/m
L'_{vp}	无源线圈和等离子体位移的互感电导	3.2×10^{-6}	H/m
A_{pp}	归一化的破坏稳定力	0.5×10^{-6}	H/m^2
F_p	被等离子体电流 I_p 规范化的扰动力	见 ELM	N/A
τ_t	控制器滞后	310×10^{-6}	s
I_p	等离子体电流	1.5×10^{6}	A

动力学方程为

$$
\begin{bmatrix} \dot{I}_a \\ \dot{I}_v \\ \dot{V}_a \end{bmatrix} = \boldsymbol{A}^s \begin{bmatrix} I_a \\ I_v \\ V_a \end{bmatrix} + \boldsymbol{B}^s \begin{bmatrix} V_c \\ \dot{F}_p \\ F_p \end{bmatrix} \tag{6.5}
$$

$$
\boldsymbol{z} = \boldsymbol{C}^s \begin{bmatrix} I_a \\ I_v \\ V_a \end{bmatrix} + \boldsymbol{D}^s \begin{bmatrix} V_c \\ \dot{F}_p \\ F_p \end{bmatrix} \tag{6.6}
$$

$$
\boldsymbol{A}^s = \frac{1}{1-k_{av}} \begin{bmatrix} -\dfrac{R_{aa}}{L_{aa}} & k_{av}\dfrac{R_{vv}}{L_{av}} & L_{aa} \\[2mm] k_{av}\dfrac{R_{aa}}{L_{av}} & -\dfrac{R_{vv}}{L_{vv}}\dfrac{k_{av}-M_{vp}}{1-M_{vp}} & -L_{av} \\[2mm] 0 & 0 & -\dfrac{1-k_{av}}{\tau_t} \end{bmatrix} \tag{6.7}
$$

$$
\boldsymbol{B}^s = \begin{bmatrix} 0 & 0 & 0 \\[2mm] 0 & \dfrac{1}{L'_{vp}(1-M_{vp})} & 0 \\[2mm] \dfrac{1}{\tau_t} & 0 & 0 \end{bmatrix} \tag{6.8}
$$

$$
\boldsymbol{C}^s = \frac{1}{A''_{pp}I_p}\begin{bmatrix} -L'_{ap} & L'_{vp} & 0 \end{bmatrix} \tag{6.9}
$$

$$
\boldsymbol{D}^s = \begin{bmatrix} 0 & 0 & \dfrac{1}{A''_{pp}I_p} \end{bmatrix} \tag{6.10}
$$

$$k_{av} = \frac{L_{av}^2}{L_{aa}L_{vv}} \qquad (6.11)$$

$$M_{vp} = \frac{A_{pp}'' L_{vv}}{L_{vp}'^2} \qquad (6.12)$$

$$M_{ap} = \frac{A_{pp}'' L_{aa}}{-L_{ap}'^2} \qquad (6.13)$$

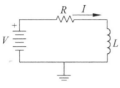

图 6.4　一个 RL 电路
（电阻和电感的串联电路）

这里用一阶延迟来代替 Scibile 中的纯延迟。仿真中使用了表 6.1 中的参数。前面的等离子体动力学方程可能看起来很神秘,但它们实际上只是一个带有电感和电阻的电路的变化,如图 6.4 所示。主要增加的一点是电流产生了使 z 中的等离子体移动的力。这个电路的方程是

$$L\frac{\mathrm{d}I}{\mathrm{d}t} + RI = V \qquad (6.14)$$

这与我们的一阶滞后一样。第一项是通过电感的压降,第二项是通过电阻的压降。如果我们应用一个常量电压 V,就得到了解析解

$$I = \frac{V}{R}(1 - \mathrm{e}^{-\frac{R}{L}t}) \qquad (6.15)$$

其中,L/R 是电路的时间常数 τ。随着 τ 趋近于无穷,我们就得到了电阻的公式 $V = IR$。在式(6.7)中有很多 R/L 项。

6.2.2　传感器

我们假设可以直接测量垂直位置和两个电流。其实真实机器中情况并非完全如此:真实机器中垂直位置是被间接测量的。我们还假设有可用的控制电压。

6.2.3　扰动

扰动是由边缘局域模式(ELM)造成的。边缘局部化模式是由于陡峭的等离子压力梯度[18],而沿着托卡马克装置的等离子体的边缘发生的破坏性的磁流体动力学不稳定性。强压力梯度称为边缘基座。与低约束模式相比,边缘基座将等离子体约束时间提升了 2 倍。这是现在托卡马克装置的首选操作模式。ELM 的一个简单模型是

$$d = k\left(\mathrm{e}^{-\frac{t}{\tau_1}} - \mathrm{e}^{-\frac{t}{\tau_2}}\right) \qquad (6.16)$$

其中,d 是 ELM 的输出,可以根据使用场合用 k 对 d 进行缩放。例如,图 6.5 中,d 被缩放以展示一个传感器的输出。在我们的仿真中,d 被缩放以对等离子体产生一个驱动力。

如果 ELM 随机出现,则 $\tau_1 > \tau_2$。函数 ELM 产生一个 ELM 模式。仿真必须用一个新的时间序列来调用 ELM 函数以获得一个新的 ELM 模式。图 6.5 显示了 ELM 函数的内置示例的结果。ELM 函数也需要计算导数,因为扰动的导数也是输入。

ELM.m

```matlab
 1  function eLM = ELM( tau1, tau2, k, t )
 2
 3  % Constants from the reference
 4  if( nargin < 3 )
 5    tau1 = 6.0e-4;
 6    tau2 = 1.7e-4;
 7    k    = 6.5;
 8  end
 9
10  % Reproduce the reference results
11  if( nargin < 4 )
12    t = linspace(0,12e-3);
13  end
14
15  d = k*[ exp( -t/tau1 ) - exp( -t/tau2 );...
16          exp( -t/tau2 )/tau2 - exp( -t/tau1 )/tau1 ];
17
18  if( nargout == 0 )
19    PlotSet( t*1000, d, 'x label', 'Time (ms)', 'y label', {'d' 'dd/dt'},
          'figure title', 'ELM' )
20  else
21    eLM = d;
22  end
```

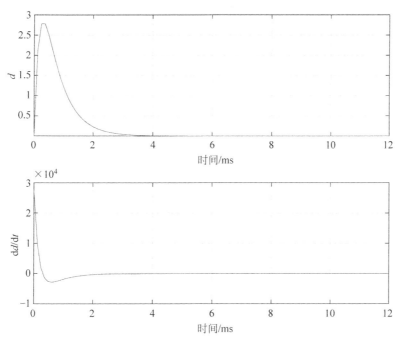

图 6.5 边缘局部化模式

6.2.4　控制器

我们用一个控制器来控制等离子体的垂直位置,否则,如前所述,该垂直位置会不稳定。这个控制器是一个使用完整状态反馈的状态空间系统。这里所说的状态即两个电流。我们将使用一个连续版本(只是说用比控件的频率范围快得多的采样速度,并不是真的连续)的二次调节器来间接控制等离子体的垂直位置 z。

QCR.m

```
1
2  if( nargin < 1 )
3    Demo
4    return
5  end
6
7  bor = b/r;
8
9  [sinf,rr] = Riccati( [a,-bor*b';-q',-a'] );
10
11 if( rr == 1 )
12   disp('Repeated roots. Adjust q or r');
13 end
14
15  k = r\(b'*sinf);
```

如果得到重根,则必须手动调整 q(状态)或 r(控制权重)。用子函数 Riccati 求解矩阵 Riccati 方程,注意使用了 unique 函数查找重根。

QCR.m

```
1  function [sinf, rr] = Riccati( g )
2
3  [w, e] = eig(g);
4
5  [rg,~] = size(g);
6
7  es = sort(diag(e));
8
9  % Look for repeated roots
10 if ( length(unique(es)) < length(es) )
11   rr = 1;
12 else
13   rr = 0;
14 end
15
16 % Sort the columns of w
17 ws  = w(:,real(diag(e)) < 0);
18
19 sinf = real(ws(rg/2+1:rg,:)/ws(1:rg/2,:));
```

示例是针对二重积分的。只是

$$\ddot{z} = u \tag{6.17}$$

在状态空间中,式(6.17)变成了

$$\begin{bmatrix} \dot{z} \\ \dot{v} \end{bmatrix} = \begin{bmatrix} 0 & 1 \\ 0 & 0 \end{bmatrix} \begin{bmatrix} z \\ v \end{bmatrix} + \begin{bmatrix} 0 \\ 1 \end{bmatrix} u \tag{6.18}$$

其中,状态是位置 z 和速度 v;u 是输入。下面是内置演示代码,这个代码展示了这个函数确实创建了一个控制器。

```
1
2   a = [0 1;0 0];
3   b = [0;1];
4   q = eye(2);
5   r = 1;
6
7   k = QCR( a, b, q, r );
8
9   e = eig(a-b*k);
10
11  fprintf('\nGain = [%5.2f %5.2f]\n\n',k);
12  disp('Eigenvalues');
13  disp(e)
```

把状态(z,v)的代价(q)和控制(r)都设置为1。

```
>> QCR

Gain = [ 1.00  1.73]

Eigenvalues
  -0.8660 + 0.5000i
  -0.8660 - 0.5000i
```

我们计算了特征值以表明结果是良好的。结果是临界阻尼的,即二阶阻尼振荡方程的阻尼系数为 0.7071。

$$x^2 + 2\zeta\omega x + \omega^2 \tag{6.19}$$

6.3　动力学模型

6.3.1　问题

创建一个动力学模型。

6.3.2　解决方案

用一个 MATLAB 函数实现等离子体动力学模型。

6.3.3　运行过程

首先写函数 RHSTokamak 的代码。先用 DefaultDataStructure 函数创建四个矩阵,这会使系统实现起来特别简单。

RHSTokamak.m

```
1  function [xDot,z] = RHSTokamak( x, ~, d )
2
3  if( nargin < 3 )
4    if( nargin == 1 )
5      xDot = UpdateDataStructure(x);
6    else
7      xDot = DefaultDataStructure;
8    end
9
10   return;
11 end
12
13 u    = [d.vC;d.eLM];
14 vDot = (x(3) - d.vC)/d.tauT;
15 xDot = [d.aS*x(1:2) + d.bS*u;vDot];
16 z    = d.cS*x(1:2) + d.dS*u;
17
18 function d = DefaultDataStructure
19
20 d = struct( 'lAA', 42.5e-3, 'lAV', 0.432e-3, 'lVV', 0.012e-3,...
21             'rAA', 35.0e-3, 'rVV',2.56e-3,'lAP',115.2e-6,'lVP',3.2e-6,...
22             'aPP',0.449e-6,'tauT',310e-6,'iP',1.5e6,'aS',[],'bS',[],'cS',
                [],'dS',[],...
23             'eLM',0,'vC',0);
24
25 d = UpdateDataStructure( d );
26
27 function d = UpdateDataStructure( d )
28
29 kAV   = d.lAV^2/(d.lAA*d.lVV);
30 oMKAV = 1 - kAV;
31 kA    = 1/(d.lAA*oMKAV);
32 mVP   = d.aPP*d.lVV/d.lVP^2;
33 oMMVP = 1 - mVP;
34
35 if( mVP >= 1 )
36   fprintf('mVP = %f should be less than 1 for an elongated plasma in a
         resistive vacuum vessel. aPP is probably too large\n',mVP);
37 end
38
39 if( kAV >= 1 )
40   fprintf('kAV = %f should be less than 1 for an elongated plasma in a
         resistive vacuum vessel\n',kAV);
41 end
```

```
42
43   d.aS      =  (1/oMKAV)*[ -d.rAA/d.lAA d.rVV*kAV/d.lAV;...
44                           d.rAA*kAV/d.lAV -(d.rVV/d.lVV)*(kAV - mVP)/oMMVP];
45   d.bS      =  [kA 0 0;kAV/(d.lAV*(1-kAV)) 1/(d.lVP*oMMVP) 0];
46   d.cS      = -[d.lAP d.lVP]/d.aPP/d.iP;
47   d.dS      =  [0 0 1]/d.aPP/d.iP;
48   eAS       =  eig(d.aS);
49
50   disp('Eigenvalues')
51   fprintf('\n Mode 1 %12.2f\n Mode 2 %12.2f\n',eAS);
```

在命令行输入 RHSTokamak，可以得到默认的数据结构。

```
>> RHSTokamak

ans =

  struct with fields:

      lAA: 0.0425
      lAV: 4.3200e-04
      lVV: 1.2000e-05
      rAA: 0.0350
      rVV: 0.0026
      lAP: 1.1520e-04
      lVP: 3.2000e-06
      aPP: 4.0000e-07
     tauT: 3.1000e-04
       aS: [2x2 double]
       bS: [2x3 double]
       cS: [-288 -8]
       dS: [0 2500000 0]
      eLM: 0
       vC: 0
```

这是四个矩阵以及所有的常数。两个输入均为 0，即控制电压 d. vC 和 ELM 扰动 d. eLM 为零。如果用户有自己的 lAA 等参数，可以自行设置这些参数：

```
d = RHSTokamak;
d.lAA = 0.046;
d.tauT = 0.00035;
d = RHSTokamak(d)
```

设置好参数后，可以创建矩阵。函数有两个警告可防止输入无效参数。

如果想知道系统是否真的属于不稳定的类型，则可以

```
>> RHSTokamak
Eigenvalues

 Mode 1      -2.67
 Mode 2     115.16
 Delay    -3225.81
```

这与JET(联合欧洲环)给出的参考是一致的。第三项(Delay)是一阶滞后。请注意：

```
>> d.aPP

ans =

  4.4900e-07
```

选择这个值是为了使根与JET的数字匹配。

6.4 等离子体仿真

6.4.1 问题

模拟在有ELM干扰的条件下,等离子体的垂直位置的动力学。

6.4.2 解决方案

编写一个仿真脚本函数DisruptionSim。

6.4.3 运行过程

脚本代码是对等离子体的开环仿真。

DisruptionSim.m

```
1   %% Constants
2   d            = RHSTokamak;
3   tau1ELM      = 6.0e-4;   % ELM time constant 1
4   tau2ELM      = 1.7e-4;   % ELM time constant 2
5   kELM         = 1.5e-6;   % ELM gain matches Figure 2.9 in Reference 2
6   tRepELM      = 48e-3;    % ELM repetition time (s)
7
8   %% The control sampling period and the simulation integration time step
9   dT           = 1e-4;
10
11  %% Number of sim steps
12  nSim         = 1200;
13
14  %% Plotting array
15  xPlot        = zeros(7,nSim);
16
17  %% Initial conditions
18  x            = [0;0;0]; % State is zero
19  t            = 0; % % Time
20  tRep         = 0.001; % Time for the 1st ELM
21  tELM         = inf; % Prevents an ELM at the start
22  zOld         = 0; % For the first difference rate equation
23
```

```
24  %% Run the simulation
25  for k = 1:nSim
26    d.v   = 0;
27    d.eLM = ELM( tau1ELM, tau2ELM, kELM, tELM );
28    tELM  = tELM + dT;
29
30    % Trigger another ELM
31    if( t > tRep + rand*tRepELM )
32          tELM   = 0;
33          tRep   = t;
34    end
35
36    x           = RK4( @RHSTokamak, x, dT, t, d );
37    [~,z]       = RHSTokamak( x, t, d );
38    t           = t + dT;
39    zDot        = (z - zOld)/dT;
40    xPlot(:,k)  = [x;z;zDot;d.eLM];
41  end
42
43  %% Plot the results
44  tPlot = dT*(0:nSim-1)*1000;
45  yL    = {'I_A' 'I_V' 'v' 'z (m)' 'zDot (m/s)' 'ELM' 'ELMDot'};
46  k     = [1 2 4 5];
47  PlotSet( tPlot, xPlot(k,:), 'x label', 'Time (ms)', 'y label', yL(k),
        'figure title', 'Disruption Simulation' );
48  k     = [5, 6];
49  PlotSet( tPlot, xPlot(k,:), 'x label', 'Time (ms)', 'y label', yL(k),
        'figure title', 'ZDot and ELM' );
```

这个脚本把特征值打印出来，作为参考，以确保动力学仿真的正确性。

```
>> DisruptionSim
Eigenvalues

 Mode 1      -2.67
 Mode 2     115.16
 Delay    -3225.81
```

运行仿真时，查看 $\dot{z}$ 的幅度并将这个幅度与参考中的结果进行匹配，就可以得到 ELM 扰动的幅度。

```
1  tRepELM      = 48e-3;    % ELM repetition time (s)
```

ELM repetition time(s) ELM 重复时间（秒）
等离子体垂直位置 z 的时间导数就是一阶微分。

```
1    zDot       = (z - zOld)/dT;
```

ELM 扰动在仿真循环中被随机触发。tRep 是最后一个 ELM 扰动的触发时间。下面的代码给 tRep 增加了一个随机时间量：

```
1   if( t > tRep + rand*tRepELM )
2        tELM   = 0;
3        tRep   = t;
4   end
```

结果如图6.6所示。由于特征值是正的,所以电流随时间增长。唯一的干扰是ELM扰动,但仅仅ELM扰动就足以造成等离子体垂直位置的上升。

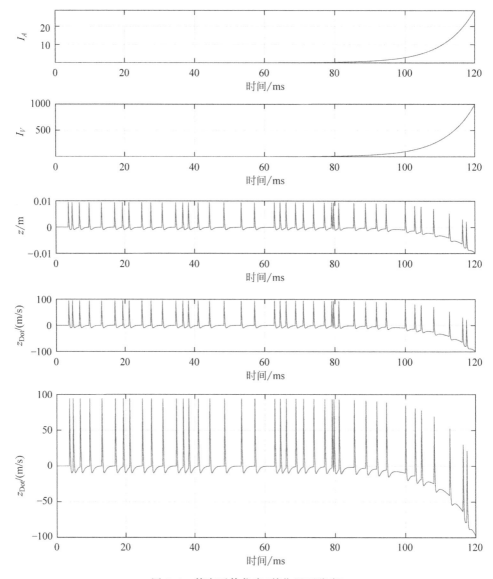

图6.6 等离子体仿真(其位置不稳定)

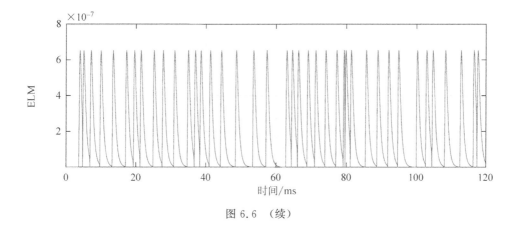

图 6.6 （续）

6.5 等离子体控制

6.5.1 问题

想要控制等离子体的垂直位置。

6.5.2 解决方案

写一个仿真脚本 ControlSimto,以演示对等离子体垂直位置的闭环控制。

6.5.3 运行过程

ControlSim 脚本是对等离子体的闭环仿真。我们增加了一个控制器,其增益用 QCR 函数计算。

ControlSim.m

```
17  %% Constants
18  d           = RHSTokamak;
19  tau1ELM     = 6.0e-4;    % ELM time constant 1
20  tau2ELM     = 1.7e-4;    % ELM time constant 2
21  kELM        = 1.5e-6;    % ELM gain matches Figure 2.9 in Reference 2
22  tRepELM     = 48e-3;     % ELM repetition time (s)
23  controlOn   = true;
24  vCMax       = 3e-4;
25
26  %% The control sampling period and the simulation integration time step
27  dT          = 1e-5;
28
29  %% Number of sim steps
```

```
30  nSim          = 20000;
31
32  %% Plotting array
33  xPlot         = zeros(8,nSim);
34
35  %% Initial conditions
36  x             = [0;0;0];
37  t             = 0;
38  tRep          = 0.001; % Time for the 1st ELM
39  tELM          = inf;   % This value will be change after the first ELM
40  zOld          = 0;     % For the rate equation
41  z             = 0;
42
43  %% Design the controller
44  kControl      = QCR( d.aS, d.bS(:,1), eye(2), 1 );
45
46  %% Run the simulation
47  for k = 1:nSim
48    if( controlOn )
49      d.vC = -kControl*x(1:2);
50      if( abs(d.vC) > vCMax )
51        d.vC = sign(d.vC)*vCMax;
52      end
53    else
54      d.vC        = 0; %#ok<UNRCH>
55    end
56
57    d.eLM = ELM( tau1ELM, tau2ELM, kELM, tELM );
58    tELM  = tELM + dT;
59
60    % Trigger another ELM
61    if( t > tRep + rand*tRepELM )
62          tELM    = 0;
63          tRep    = t;
64    end
65
66    x             = RK4( @RHSTokamak, x, dT, t, d );
67    [~,z]         = RHSTokamak( x, t, d ); % Get the position
68    t             = t + dT;
69    zDot          = (z - zOld)/dT; % The rate of the vertical position
70    xPlot(:,k)    = [x;z;zDot;d.eLM;d.vC];
71  end
```

控制器在循环中实现,其中应用了限制器。

```
48      if( abs(d.vC) > vCMax )
49        d.vC = sign(d.vC)*vCMax;
50      end
51    else
52      d.vC        = 0; %#ok<UNRCH>
53    end
54
55    d.eLM = ELM( tau1ELM, tau2ELM, kELM, tELM );
```

结果如图 6.7 所示。

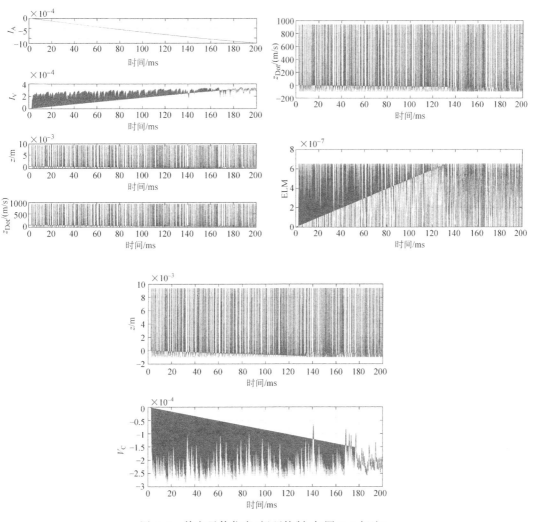

图 6.7　等离子体仿真(闭环控制,与图 6.6 相比)

6.6　训练和测试

6.6.1　问题

我们想要检测出导致中断的量。

6.6.2　解决办法

我们用一个 BiLSTM(双向长短期记忆)层来检测中断,即通过将一个时间序列分类为导致中断和未导致中断两种情况。LSTM 的设计是为了避免对旧信息的依赖。标准的 RNN(循环神经网络)有一个重复结构。LSTM 也有一个重复结构,但是每个元素有四个层。LSTM 层决定将哪些旧信息传递给下一层；可能传递全部旧信息,也可能一点都不传。LSTM 有许多变体,但它们都有遗忘信息的基本能力。当我们有完整的时间序列时,BiLSTM 通常比 LSTM 表现得更好。

6.6.3 运行过程

下面的脚本 TokamakNeuralNet.m 生成测试和训练数据,并完成对神经网络的训练和测试。脚本首先初始化一系列相关常量。

TokamakNeuralNet.m

```
6   %% Constants
7   d            = RHSTokamak;
8   tau1ELM      = 6.0e-4;    % ELM time constant 1
9   tau2ELM      = 1.7e-4;    % ELM time constant 2
10  kELM         = 1.5e-6;    % ELM gain matches Figure 2.9 in Reference 2
11  tRepELM      = 48e-3;     % ELM repetition time (s)
12  controlOn    = true;      % Turns on the controller
13  disThresh    = 1.6e-6;    % This is the threshold for a disruption
14
15  % The control sampling period and the simulation integration time step
16  dT           = 1e-5;
17
18  % Number of sim steps
19  nSim         = 2000;
20
21  % Number of tests
22  n            = 100;
23  sigma1ELM    = 2e-6*abs(rand(1,n));
24
25  PlotSet(1:n,sigma1ELM,'x label','Test Case','y label','1 \sigma ELM
    Value');
26
27  zData        = zeros(1,nSim); % Storage for vertical position
```

我们用和 ControlSim 脚本一样的方式设计控制器。该脚本运行 100 次仿真,由在 ControlSim 脚本中演示的线性二次控制器控制等离子体的垂直位置。

```
28  %% Initial conditions
29  x            = [0;0;0]; % The state of the plasma
30  tRep         = 0.001; % Time for the 1st ELM
31
32  %% Design the controller
33  kControl     = QCR( d.aS, d.bS(:,1), eye(2), 1 );
34
35  s            = cell(n,1);
36
```

```
37  %% Run n simulation
38  for j = 1:n
39          % Run the simulation
40    t      = 0;
41    tELM   = inf; % Prevents an ELM at the start
42          kELM   = sigma1ELM(j);
43    tRep  = 0.001; % Time for the 1st ELM
44
45    for k = 1:nSim
46      if( controlOn )
47        d.vC = -kControl*x(1:2);
48      else
49        d.vC        = 0; %#ok<UNRCH>
50      end
51
52      d.eLM         = ELM( tau1ELM, tau2ELM, kELM, tELM );
53      tELM          = tELM + dT;
54
55      % Trigger another ELM
56      if( t > tRep + rand*tRepELM )
57        tELM        = 0;
58        tRep        = t;
59      end
60
61      x             = RK4( @RHSTokamak, x, dT, t, d );
62      [~,z]         = RHSTokamak( x, t, d );
63      t             = t + dT;
64      zData(1,k)    = z;
65    end
66    s{j} = zData;
67  end
68
69  clear c
```

对于任何时间响应,只要 z 的峰值超过了阈值,就是中断。图 6.8 显示了时间响应和 ELM 扰动的标准差的分布。蓝线是未能将等离子体场的垂直位移保持在规定阈值以下的仿真,而红线是成功将位移保持在规定阈值以下的仿真。分类准则用下面的代码设置:

```
72  %% Classify the results
73  j         = find(sigma1ELM > disThresh);
74  jN        = find(sigma1ELM < disThresh);
75  c(j,1)    = 1;
76  c(jN,1)   = 0;
77
78  [t,tL] = TimeLabel((0:nSim-1)*dT);
79  PlotSet(t,[s{j(1)};s{jN(1)}],'x label',tL,'y label','z (m)','Plot Set',
        {1:2},'legend',{{'disruption','stable'}});
```

接下来对神经网络进行训练。

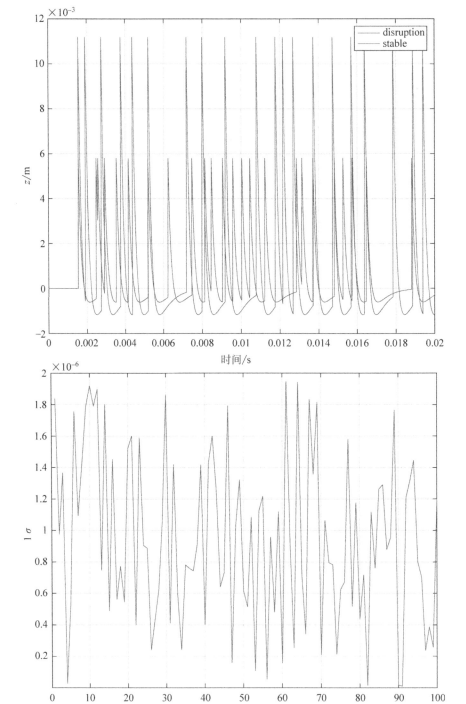

图 6.8　时间响应和 1σ（ELM 的标准差）的分布

```
81  %% Divide into training and testing data
82  nTrain   = floor(0.8*n); % Train on 80% of the cases
83  xTrain   = s(1:nTrain);
84  yTrain   = categorical(c(1:nTrain));
85  xTest    = s(nTrain+1:n);
86  yTest    = categorical(c(nTrain+1:n));
87
88  %% Train the neural net
89  numFeatures     = 1; % Just the plasma position
90  numClasses      = 2; % Disruption or non disruption
91  numHiddenUnits  = 200;
92
93  layers = [ ...
94      sequenceInputLayer(numFeatures)
95      bilstmLayer(numHiddenUnits,'OutputMode','last')
96      fullyConnectedLayer(numClasses)
97      softmaxLayer
98      classificationLayer];
99  disp(layers)
100
101 options = trainingOptions('adam', ...
102     'MaxEpochs',60, ...
103     'GradientThreshold',2, ...
104     'Verbose',0, ...
105     'Plots','training-progress');
106
107 net = trainNetwork(xTrain,yTrain,layers,options);
```

训练如图 6.9 所示。

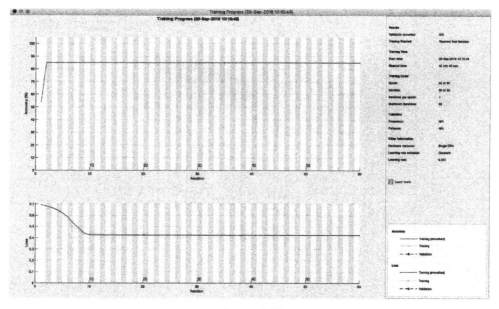

图 6.9　训练

接下来进行神经网络的测试。

```
108    %% Demonstrate the neural net
109
110    %%% Test the network
111    yPred   = classify(net,xTest);
112
113    % Calculate the classification accuracy of the predictions.
114    acc       = sum(yPred == yTest)./numel(yTest);
115    disp('Accuracy')
116    disp(acc);
```

结果是振奋人心的。但是 ITER(国际托卡马克实验反应堆)要求中断预测达到 95% 的正确率,并在中断前 30ms 发出警报[25]。我们用 DIII-D[17]中的数据获得了良好的结果。

```
>> TokamakNeuralNet
Eigenvalues

 Mode 1        -2.67
 Mode 2        115.16
  5x1 Layer array with layers:

     1   ''    Sequence Input          Sequence input with 1 dimensions
     2   ''    BiLSTM                  BiLSTM with 200 hidden units
     3   ''    Fully Connected         2 fully connected layer
     4   ''    Softmax                 softmax
     5   ''    Classification Output   crossentropyex
Accuracy
    0.7500
```

本章没有涉及递归或在线训练。但是对中断进行预测需要不断地将新数据整合到神经网络中。此外,还需要整合其他用于检测中断的判断准则。

第7章
CHAPTER 7

分类芭蕾舞者的
足尖旋转动作

7.1　引言

足尖旋转是芭蕾舞中常见的动作,它分为很多种。我们聚焦于从第四基本位置开始的外旋动作:舞者做一个深的膝盖弯曲动作,然后伸直腿,产生一个向上的力以站在尖头鞋的鞋尖上,同时产生一个扭矩使她绕转轴(脊柱)旋转。

本章,我们将对芭蕾舞者的足尖旋转动作进行分类。四名舞者每人做10组双旋转(连续做两次旋转动作),我们将用这些旋转动作来训练一个深度学习网络,然后用该网络对舞者足尖旋转动作进行分类。

本章涉及实时数据采集和深度学习。本章会花费大量时间来创建软件与硬件接口,虽然这不是深度学习,但知道如何从传感器中获取用于深度学习工作的数据是很重要的。本章给出的代码片段中,只有少数可以剪切和粘贴到 MATLAB 命令窗口;要运行其他代码片段,需要先下载一些库。另外还需要记住,运行本章项目,需要仪器控制工具箱。

图 7.1 展示了我们的测试舞者的旋转。测试舞者包括三名女性舞者和一名男性舞者,其中两名女舞者穿着尖头鞋。我们测量的物理量包括动作的加速度、角速度和方向,对舞蹈演员的动作没有任何限制。他们全部都从第四基本位置开始做双旋转并回到第四位置。第四位置是一只脚在另一只脚后面,两只脚相隔大约25cm,而第五位置是两只脚紧挨在一起,一脚后跟紧贴另一脚的脚尖。每个旋转动作的开始、中间和结尾都展示在了图 7.1 的一行(其中开始和结尾都是第四位置)。虽然所有舞者的旋转动作都做得非常好,但是他们的位置略微有些不同,注意并没有所谓"正确的"脚尖旋转。如果观察这些旋转,你将不会发现它们有很大的不同。我们的目标是开发一个可以对他们的脚尖旋转进行分类的神经网络。

这种工具在任何体育活动中都是有用的。运动员可以训练一个神经网络以学习所有重要的动作。例如,棒球投手的投球动作可以被学习。训练好的网络可用于在任何其他时间比较相同的运动动作,以观察它有没有改变。一个更复杂的版本可能包括视觉,但是必须能告诉用户怎么解决问题(纠正动作)或者辨别出来具体哪里发生了变化。

图 7.1　做旋转动作的四名舞者(从左到右分别
是旋转动作的开始、中间和结尾阶段)

7.1.1 惯性测量单元

我们利用带蓝牙的 LPMS-B2 IMU 作为传感器,其参数如表 7.1 所示,这些参数范围足以应用在芭蕾舞蹈室内。

表 7.1 LPMS-B2:9 轴惯性测量单元(IMU)

参　　数	描　　述
蓝牙	2.1＋EDR/低能耗(LE)4.1
通信距离	＜20m
方向范围	滚动:±180°;间距:±90°;偏航:±180°
分辨率	＜0.01°
精度	＜0.5°(静态),＜2°RMS(动态)
加速度计	3 轴,±2/±4/±8/±16g,16 位
3 轴陀螺仪	±125/±245/±500/±1000/±2000°/s,16 位
数据输出格式	2 原始数据/欧拉角/四元数
最高数据传输率	2400Hz

这个 IMU(惯性测量单元)有很多我们用不到的其他输出,图 7.2 展示了它的一张特写照片。

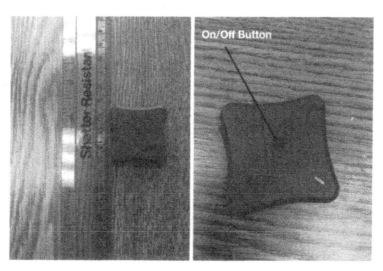

图 7.2 LPMS-B2:9 轴惯性测量单元(右图突出展示了开启/关闭按钮)

首先确定出数据采集的细节,建立一个深度学习算法来训练系统,然后获取旋转动作的测试数据并将其分类为一个特定舞者的旋转动作(即分类为是哪位舞者的动作)。我们先写数据采集部分的 MATLAB 代码以获取数据,创建显示数据的函数,然后把所有代码整合到一个 GUI(图形用户界面)中,最后创建一个深度学习分类系统。

7.1.2　物理原理

脚尖旋转是一个复杂的柔体问题。脚尖旋转是由舞者先做一个 plie(屈膝蹲),然后用肌肉产生一个围绕身体旋转轴(脊柱)的扭矩,以使舞者站在尖头鞋上,围绕身体的重心旋转。舞者的肌肉会很快停止平移运动,以使她在转动时保持平衡。旋转运动的方程被称为欧拉方程:

$$T = I\dot{\omega} + \omega^{\times} I \omega \qquad (7.1)$$

这是向量方程。其中,ω 是角速度向量; I 是 3×3 的惯性矩阵; T 是由脚推离地面和重力产生的外部扭矩向量。

$$T = \begin{bmatrix} T_x \\ T_y \\ T_z \end{bmatrix} \qquad (7.2)$$

$$\omega = \begin{bmatrix} \omega_x \\ \omega_y \\ \omega_z \end{bmatrix} \qquad (7.3)$$

T 和ω 的每一个分量都是关于一个特定轴的值。比如,T_x 是扭矩在舞者身上 x 轴方向的分量。图 7.3 展示了这个系统。我们只考虑旋转运动而不考虑平移运动,即假设所有的平移运动都有阻尼。如果舞者的重心低于尖头鞋的边界,那么产生的扭矩就会使她过度旋转。

动力学方程是三个一阶耦合微分方程。角速度ω 是状态,即被微分的量。这个方程展示了由舞者推离地面或者尖头鞋阻力产生的外部扭矩等于角加速度加上欧拉耦合项。这个方程假设物体是刚体。对于舞者,这意味着当她旋转时,她身体上没有任何部位相对于其他部位在移动。但其实只要观察,就会发现这个刚体假设对于一个正确的脚尖旋转动作是绝对不适用的。但假设你是一个舞者,不能从外部观察动作,忘掉只在角速度很大时才很重要的角速度耦合项,只看前两项,即 $T = I\dot{\omega}$,按分量扩展开,就能得到

$$\begin{bmatrix} T_x \\ T_y \\ T_z \end{bmatrix} = \begin{bmatrix} I_{xx} & I_{xy} & I_{xz} \\ I_{xy} & I_{yy} & I_{yz} \\ I_{xz} & I_{yz} & I_{zz} \end{bmatrix} \begin{bmatrix} \dot{\omega}_x \\ \dot{\omega}_y \\ \dot{\omega}_z \end{bmatrix} \qquad (7.4)$$

我们来看看 T_z 的公式,只需要用惯性矩阵的第一行乘以角速率向量:

$$T_z = I_{xz}\dot{\omega}_x + I_{yz}\dot{\omega}_y + I_{zz}\dot{\omega}_z \qquad (7.5)$$

这意味着绕 z 轴的扭矩会影响所有 3 个轴的角速度。

我们可以写出需要求解的扭矩:

$$\begin{bmatrix} T_x \\ T_y \\ T_z \end{bmatrix} = \begin{bmatrix} I_{xz} \\ I_{yz} \\ I_{zz} \end{bmatrix} \dot{\omega}_z \qquad (7.6)$$

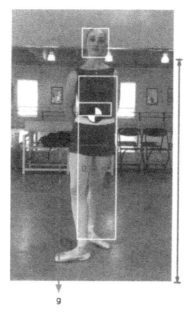

图 7.3　舞者重心(外部力作用于质心,旋转是围绕着质心的)

这是一个完美的脚尖旋转推离,因为它只产生了我们想要的绕竖直轴的旋转。在此基础上,还需要增加力量以站在尖头鞋上,并保证重心在尖头鞋上方。

在旋转时,唯一有效的外部扭矩是由于尖头鞋尖和地面之间的摩擦产生的。这个摩擦力既阻止旋转运动,也阻止平移运动。你不想要任何微小的侧向力,因为也许仅仅由于一个不太好的搭档,你就可能摔倒。

我们的IMU测量角速度和线性加速度。角速度是欧拉方程里的量。然而,由于IMU并不在舞者的重心位置,所以它还将测量重心的加速度以及角加速度。我们把IMU放在舞者的腰部,以保证它不离转轴太远,但同时也能看到一个分量。

$$a_\omega = r_{IMU}^\times \dot{\boldsymbol{\omega}} \tag{7.7}$$

其中,r_{IMU} 是从舞者的质心到IMU的位置向量。

对于一个做脚尖旋转的舞者,欧拉方程还不够充分。舞者可以在身体内部传递动量以停止脚尖的旋转,并且需要一点小的跳跃以站成半足尖或者全足尖姿势。为了对这些现象建模,我们对欧拉方程添加了一些额外项:

$$T = I\dot{\omega} + \omega^\times \left[I\omega + uI_i(\Omega_i + \omega_z) + uI_h(\Omega_h + \omega_z) \right] + u(T_i + T_h) \tag{7.8}$$

$$T_i = I_i(\dot{\Omega}_i + \dot{\omega}_z) \tag{7.9}$$

$$T_h = I_h(\dot{\Omega}_h + \dot{\omega}_z) \tag{7.10}$$

$$F = m\ddot{z} \tag{7.11}$$

其中,m 是质量;F 是垂直力;z 是垂直方向;I_i 是用于控制身体的内部惯性;I_h 是头部惯性,I 包含了这两项,即 I 是总的身体惯性,包括了内部的"方向盘",即身体和头;T_i 是内部扭矩，T_h 是为了便于观察（这里的"观察"是指芭蕾的头部舞蹈动作）的头扭矩。内部扭矩 T_i 和头部扭矩 T_h 在身体和内部"方向盘"或者头之间。比如，T_h 导致头移向一边，而身体移向另一边。如果你站着，则从你的脚底产生的扭矩会阻止你的身体旋转。T 是由摩擦和脚底惯性推离地面而产生的外部扭矩。单位向量是

$$u = \begin{bmatrix} 0 \\ 0 \\ 1 \end{bmatrix} \tag{7.12}$$

一共有六个方程：第一个是有三个分量的向量方程[方程(7.8)]，第二个[方程(7.9)]和第三个[方程(7.10)]是标量方程；其中第一个向量方程实际上又可以分为三个标量方程，而第二个和第三个标量方程分别算作一个方程。我们可以用这些方程来模拟一个舞者。第二个分量建模了 z 轴的所有内部旋转，包括头部观察动作。

7.2 数据获取

7.2.1 问题

我们想从蓝牙 IMU 中获取数据。

7.2.2 解决方案

我们将使用 MATLAB 的 Bluetooth 函数，自己写一个函数从 IMU 中读取数据。

7.2.3 运行过程

我们将为蓝牙设备写一个接口。首先，确保 IMU 充好了电；然后按照图 7.4 把它连接到计算机；按下后部的开关按钮，LED 灯会指示 IMU 的状态。虽然 IMU 供应商提供了支持软件，但是 MATLAB 会为我们做这些困难的工作，所以我们并不会和供应商提供的支持软件打交道。

我们尝试指挥 IMU。输入 btInfo = instrhwinfo('bluetooth')，就会得到下面的回应：

```
>> btInfo = instrhwinfo('Bluetooth')

btInfo =

  HardwareInfo with properties:

        RemoteNames: {'LPMSB2-4B31D6'}
          RemoteIDs: {'btspp://00043E4B31D6'}
     BluecoveVersion: 'BlueCove-2.1.1-SNAPSHOT'
      JarFileVersion: 'Version 4.0'

Access to your hardware may be provided by a support package. Go to the
    Support Package Installer to learn more.
```

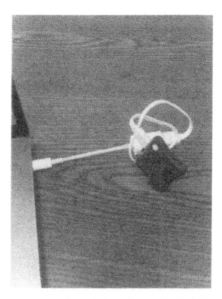

图 7.4　IMU 通过一个 USB C 接口和一个普通的 Mac 适配器连接到 MacBook Pro 笔记本
　　　　的蓝牙设备(这只是为了充电,充电完成后,就不需要使用适配器)

这表明你的 IMU 是可被发现的。MathWorks 中没有可用的支持包。现在输入 b ＝
Bluetooth(btInfo. RemoteIDs1,1)(这个会很慢),数字表示信道编号。Bluetooth 函数需要
MATLAB 的仪器控制工具箱。

```
>> b = Bluetooth(btInfo.RemoteIDs{1},1)

    Bluetooth Object : Bluetooth-btspp://00043E4B31D6:1

    Communication Settings
        RemoteName:        LPMSB2-4B31D6
        RemoteID:          btspp://00043e4b31d6
        Channel:           1
        Terminator:        'LF'

    Communication State
        Status:            closed
        RecordStatus:      off

    Read/Write State
        TransferStatus:    idle
        BytesAvailable:    0
        ValuesReceived:    0
        ValuesSent:        0
```

注意通信状态的 status 显示是关闭。我们需要通过输入 fopen(b)以打开设备。如果
没有这个设备,只需要输入

```
>> btInfo = instrhwinfo('Bluetooth')
btInfo =
  HardwareInfo with properties:

       RemoteNames: []
         RemoteIDs: []
   BluecoveVersion: 'BlueCove-2.1.1-SNAPSHOT'
   JarFileVersion: 'Version 4.0'
Access to your hardware may be provided by a support package. Go to the
  Support Package Installer to learn more.
```

这个应答消息显示,它无法识别远程名字或者标识号。这种情况下,也许你需要一个针对你的设备的支持包。

点击连接后,设备会启动。输入 a=fscan(b),会得到一堆不可打印的字符。现在需要写代码来控制设备。让设备处于流模式,表 7.2 展示了数据单元格式,虽然表格只展示了 67 字节,但是每一个分组的长度都是 91 字节,这 67 字节都是有用的数据。

表 7.2　应答数据

字　节	内容(十六进制)	含　义
0	3A	分组开始
1	01	OpenMAT ID LSB(ID=1)
2	00	OpenMAT MSB
3	09	Command No. LSB (9d = GET_SENSOR_DATA)
4	00	Command No. MSB
5	00	数据长度 LSB
6	00	数据长度 MSB
7~10	××××××××	时间戳
11~14	××××××××	陀螺仪 x 轴
15~18	××××××××	陀螺仪 y 轴
19~22	××××××××	陀螺仪 z 轴
23~26	××××××××	加速度计 x 轴
27~30	××××××××	加速度计 y 轴
31~34	××××××××	加速度计 z 轴
35~38	××××××××	磁力计 x 轴
39~42	××××××××	磁力计 y 轴
43~46	××××××××	磁力计 z 轴
47~50	××××××××	方向四元数 q0
51~54	××××××××	方向四元数 q1
55~58	××××××××	方向四元数 q2
59~62	××××××××	方向四元数 q3
63	××	校验和 LSB
64	××	校验和 MSB
65	0D	消息结束字节 1
66	0A	消息结束字节 2

我们读取二进制数据，并使用 DataFromIMU.typecast 将其放入数据结构中。该方法将从字节转换为浮点型。

DataFromIMU.m

```
25  function d = DataFromIMU( a )
26
27  d.packetStart    = dec2hex(a(1));
28  d.openMATIDLSB   = dec2hex(a(2));
29  d.openMATIDMSB   = dec2hex(a(3));
30  d.cmdNoLSB       = dec2hex(a(4));
31  d.cmdNoMSB       = dec2hex(a(5));
32  d.dataLenLSB     = dec2hex(a(6));
33  d.dataLenMSB     = dec2hex(a(7));
34  d.timeStamp      = BytesToFloat( a(8:11) );
35  d.gyro           = [ BytesToFloat( a(12:15) );...
36                       BytesToFloat( a(16:19) );...
37                       BytesToFloat( a(20:23) )];
38  d.accel          = [ BytesToFloat( a(24:27) );...
39                       BytesToFloat( a(28:31) );...
40                       BytesToFloat( a(32:35) )];
41  d.quat           = [ BytesToFloat( a(48:51) );...
42                       BytesToFloat( a(52:55) );...
43                       BytesToFloat( a(56:59) );...
44                       BytesToFloat( a(60:63) )];
45  d.msgEnd1        = dec2hex(a(66));
46  d.msgEnd2        = dec2hex(a(67));
48
49  %% DataFromIMU>BytesToFloat
50  function r = BytesToFloat( x )
51
52  r = typecast(uint8(x),'single');
```

把所有代码都整合到脚本 BluetoothTest.m 中。我们打印出了一小部分数据示例，以确保字节正确对齐。

BluetoothTest.m

```
1   %% Script to read binary from the IMU
2
3   % Find available Bluetooth devices
4   btInfo = instrhwinfo('Bluetooth')
5
6    % Display the information about the first device discovered
7   btInfo.RemoteNames(1)
8   btInfo.RemoteIDs(1)
9
10  % Construct a Bluetooth Channel object to the first Bluetooth device
11  b = Bluetooth(btInfo.RemoteIDs{1}, 1);
12
13  % Connect the Bluetooth Channel object to the specified remote device
14  fopen(b);
```

```
15
16  % Get a data structure
17  tic
18  t = 0;
19  for k = 1:100
20    a    = fread(b,91);
21    d    = DataFromIMU( a );
22    fprintf('%12.2f [%8.1e %8.1e %8.1e] [%8.1e %8.1e %8.1e] [%8.1f %8.1f
          %8.1f %8.1f]\n',t,d.gyro,d.accel,d.quat);
23    t = t + toc;
24    tic
25  end
```

运行脚本后,就能得到下列输出:

When we run the script we get the following output.

```
>> BluetoothTest

btInfo =

  HardwareInfo with properties:

        RemoteNames: {'LPMSB2-4B31D6'}
          RemoteIDs: {'btspp://00043E4B31D6'}
    BluecoveVersion: 'BlueCove-2.1.1-SNAPSHOT'
      JarFileVersion: 'Version 4.0'

Access to your hardware may be provided by a support package. Go to the
    Support Package Installer to learn more.

ans =

  1x1 cell array

    {'LPMSB2-4B31D6'}

ans =

  1x1 cell array

    {'btspp://00043E4B31D6'}

ans =

  1x11 single row vector

    1.0000    0.0014    0.0023   -0.0022    0.0019   -0.0105   -0.9896
          0.9200   -0.0037    0.0144    0.3915

ans =
```

```
1x11 single row vector

  2.0000    -0.0008     0.0023     -0.0016     0.0029    -0.0115    -0.9897
        0.9200    -0.0037     0.0144     0.3915

ans =

1x11 single row vector

  3.0000     0.0004     0.0023     -0.0025     0.0028    -0.0125    -0.9900
        0.9200    -0.0037     0.0144     0.3915
```

　　每一个行向量的第一个数字是采样样本,紧接着的三个数字是来自陀螺仪的角速度,再接着的三个数字是加速度,最后四个是表示方向的四元数。加速度主要在 z 轴负方向,而 IMU 上有按钮的那一面是 z 轴正方向。蓝牙,像所有的无线连接一样,容易出问题。如果遇到下面这种错误,就把 IMU 的开关按钮按下以重启,也许偶尔还需要重启 MATLAB,因为 RemoteNames 是空的,而这个测试假设它不是空的,所以 MATLAB 会感到很困惑(无法正确判断)。

```
Index exceeds the number of array elements (0).

Error in BluetoothTest (line 7)
btInfo.RemoteNames(1)
```

7.3　定向

7.3.1　问题

　　我们想用四元数来表示我们的深度学习系统中舞者的定向。

7.3.2　解决方案

　　实现基本的四元数运算,需要通过这些操作来处理 IMU 中获取的四元数。

7.3.3　运行过程

　　四元数是定向的首选数学表示方法。传播一个四元数需要的操作数比传播一个变换矩阵少,还可以避免和欧拉角一起出现的奇点。一个四元数有四个元素,对应于一个单位向量 a 和绕着这个单位向量旋转的旋转角度向量 ϕ。第一个元素 s 称为"标量分量",紧接着的三个元素是"矢量"分量 v。符号如下:

$$
\boldsymbol{q} = \begin{bmatrix} q_0 \\ q_1 \\ q_2 \\ q_3 \end{bmatrix} = \begin{bmatrix} s \\ v_1 \\ v_2 \\ v_3 \end{bmatrix} = \begin{bmatrix} \cos \dfrac{\phi}{2} \\ a_1 \sin \dfrac{\phi}{2} \\ a_2 \sin \dfrac{\phi}{2} \\ a_3 \sin \dfrac{\phi}{2} \end{bmatrix} \tag{7.13}
$$

表示从初始坐标系开始的零旋转"单位"四元数有单位标量分量和零向量分量。这和航天飞机上使用的约定一样,虽然其他约定也是有可能的。

$$
\boldsymbol{q}_0 = \begin{bmatrix} 1 \\ 0 \\ 0 \\ 0 \end{bmatrix} \tag{7.14}
$$

用一个四元数 $\boldsymbol{q}_{ab}$ 把向量从一个坐标系 a 转变到另一个坐标系 b 中,操作是

$$
\boldsymbol{u}_b = \boldsymbol{q}_{ab}^{\mathrm{T}} \boldsymbol{u}_a \boldsymbol{q}_{ab} \tag{7.15}
$$

使用四元数乘法,将向量定义为标量部分等于零的四元数,或者

$$
\boldsymbol{x}_a = \begin{bmatrix} 0 \\ x_a(1) \\ x_a(2) \\ x_a(3) \end{bmatrix} \tag{7.16}
$$

比如,四元数

$$
\begin{bmatrix} 0.7071 \\ 0.7071 \\ 0.0 \\ 0.0 \end{bmatrix} \tag{7.17}
$$

表示绕 x 轴的纯旋转。第一个元素是 0.7071,即 $\cos(90°/2)$。我们通过第一个分量无法判断旋转方向。第二个元素是单位向量的 1 个分量,在这里即下面的向量乘上 $\sin(90°/2)$。由于符号是正的,旋转必须是正向的 $90°$ 旋转。

$$
\begin{bmatrix} 1.0 \\ 0.0 \\ 0.0 \end{bmatrix} \tag{7.18}
$$

只需要一个例程,把来自 IMU 的四元数转换为一个用于可视化的转换矩阵。这么做是因为,让一个表示 3D 模型的顶点的 $3 \times n$ 的向量数组乘以一个矩阵,比用一个四元数去转换每一个向量要快得多。

QuaternionToMatrix.m

```
1        2*(q(2)*q(4)+q(1)*q(3));...
2        2*(q(2)*q(3)+q(1)*q(4)),...
3        q(1)^2-q(2)^2+q(3)^2-q(4)^2,...
4        2*(q(3)*q(4)-q(1)*q(2));...
5        2*(q(2)*q(4)-q(1)*q(3)),...
6        2*(q(3)*q(4)+q(1)*q(2)),...
7        q(1)^2-q(2)^2-q(3)^2+q(4)^2];
```

注意对角线项的形式一样，非对角线上的项也全部有相同的形式。

7.4　舞者仿真

7.4.1　问题

我们想要为不能访问硬件的读者模拟一个芭蕾舞者。

7.4.2　解决方案

将基于上述的方程，为舞者编写一个仿真运动模型，再写一个带控制系统的仿真。

7.4.3　运行过程

仿真运动模型实现了对舞者的建模。模型包括一个内部控制"方向盘"（身体运动有四个自由度）和一个用于头部运动的自由度。如果调用 RHSDancer.m 时不输入其他参数，则返回默认的数据结构。

RHSDancer.m

```
33   %% RHSDANCER Implements dancer dynamics
34   % This is a model of dancer with one degree of translational freedom
35   % and 5 degrees of rotational freedom including the head and an
        internal
36   % rotational degree of freedom.
37   %% Form:
38   %   xDot = RHSDancer( x, ~, d )
39   %% Inputs
40   %   x         (11,1)      State vector [r;v;q;w;wHDot;wIDot]
41   %   t         (1,1)   Time (unused) (s)
42   %   d         (1,1)   Data structure for the simulation
43   %                      .torque   (3,1) External torque (Nm)
44   %                      .force    (1,1) External force (N)
45   %                      .inertia  (3,3) Body inertia (kg-m^2)
46   %                      .inertiaH (1,1) Head inertia (kg-m^2)
47   %                      .inertiaI (1,1) Inner inertia (kg-m^2)
48   %                      .mass     (1,1) Dancer mass (kg)
49   %
```

```
50  %% Outputs
51  %   xDot      (11,1)        d[r;v;q;w;wHDot;wIDot]/dt
52
53  function xDot = RHSDancer( ~, x, d )
54
55  % Default data structure
56  if( nargin < 1 )
57    % Based on a 0.15 m radius, 1.4 m long cylinders
58    inertia = diag([8.4479    8.4479    0.5625]);
59    xDot    = struct('torque',[0;0;0],'force',0,'inertia',inertia,...
60    'mass',50,'inertiaI',0.0033,'inertiaH',0.0292,'torqueH',0,'torqueI'
        ,0);
61    return
62  end
```

剩下的部分把前面给出的方程转换为可用代码：为 z 轴速率的积分增加了一个附加方程，使控制系统的代码更容易编写；还把重力加速度包括在了力的方程中。

```
63  % Use local variables
64  v     = x(2);
65  q     = x(3:6);
66  w     = x(7:9);
67  wI    = x(10);
68  wH    = x(11);
69
70  % Unit vector
71  u     = [0;0;1];
72
73  % Gravity
74  g     = 9.806;
75
76  % Attitude kinematics (not mentioned in the text)
77  qDot    = QIToBDot( q, w );
78
79  % Rotational dynamics Equation 7.6
80  wDot    = d.inertia\(d.torque - Skew(w)*(d.inertia*w + d.inertiaI*(wI +
        w(3))...
81          + d.inertiaH*(wH + w(3))) - u*(d.torqueI + d.torqueH));
82  wHDot = d.torqueH/d.inertiaH - wDot(3);
83  wIDot = d.torqueI/d.inertiaI - wDot(3);
84
85  % Translational dynamics
86  vDot    = d.force/d.mass - g;
87
88  % Assemble the state vector
89  xDot    = [v; vDot; qDot; wDot; wHDot; wIDot; w(3)];
```

仿真设置从 RHSDancer 中获取默认参数。

```
1  d     = RHSDancer;
2  n     = 800;
3  dT    = 0.01;
```

```
4   xP          = zeros(16,n);
5   x           = zeros(12,1);
6   x(3)        = 1;
7   g           = 9.806;
8   dancer      = 'Robot_1';
```

然后建立控制系统。我们使用比例-微分控制器以控制 z 轴位置，用一个速度阻尼器停止脚尖旋转动作。位置控制是由足部肌肉来完成的，速率阻尼是我们的内部阻尼方向盘。

```
13   % Control system for 2 pirouettes in 6 seconds
14   tPirouette  = 6;
15   zPointe     = 6*0.0254;
16   tPointe     = 0.1;
17   kP          = tPointe/dT;
18   omega       = 4*pi/tPirouette;
19   torquePulse = d.inertia(3,3)*omega/tPointe;
20   tFriction   = 0.1;
21   a           = 2*zPointe/tPointe^2 + g;
22   kForce      = 1000;
23   tau         = 0.5;
24   thetaStop   = 4*pi - pi/4;
25   kTorque     = 200;
26   state       = zeros(10,n);
```

仿真循环调用运动模型和控制系统，我们调用 RHSDancer.m 以获取线性加速度。

```
1    %% Simulate
2    for k = 1:n
3      d.torqueH = 0;
4      d.torqueI = 0;
5
6      % Get the data for use in the neural network
7      xDot = RHSDancer(0,x,d);
8
9      state(:,k) = [x(7:9);0;0;xDot(2);x(3:6)];
10
11     % Control
12     if( k < kP )
13       d.force    = d.mass*a;
14       d.torque   = [0;0;torquePulse];
15     else
16       d.force    = kForce*(zPointe-x(1) -x(2)/tau)+ d.mass*g;
17       d.torque   = [0;0;-tFriction];
18     end
19
20     if( x(12) > thetaStop )
21       d.torqueI = kTorque*x(9);
22     end
23
24     xP(:,k)    = [x;d.force;d.torque(3);d.torqueH;d.torqueI];
25     x          = RungeKutta(@RHSDancer,0,x,dT,d);
26   end
```

控制系统包括一个扭矩和一个力脉冲，以使足尖旋转动作得以进行。

```
1   % Control
2   if( k < kP )
3       d.force  = d.mass*a;
4       d.torque = [0;0;torquePulse];
5   else
6       d.force  = kForce*(zPointe-x(1) -x(2)/tau)+ d.mass*g;
7       d.torque = [0;0;-tFriction];
8   end
```

脚本的剩余部分绘制了结果，并把可能来自 IMU 的数据输出到一个文件。

双旋转的仿真结果如图 7.5 所示。在 6.5s 时停止旋转，所以那里产生了一个脉冲。

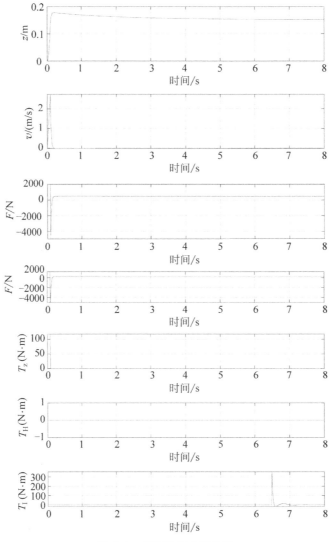

图 7.5　对双旋转进行仿真

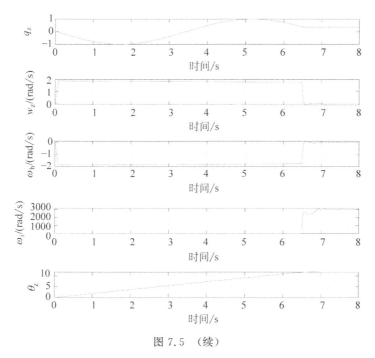

图 7.5　（续）

可以通过改变质量属性和控制参数创造不同的舞者。

```
zPointe     = 6*0.0254;
tPointe     = 0.1;
tFriction   = 0.1;
kForce      = 1000;
tau         = 0.5;
kTorque     = 200;
```

我们没有实现观察控制（即在旋转过程中尽可能多地看向观众）。这种观察控制需要旋转头部，以确保头部在前方 $90°$ 以内都要向前看。为了实现观察控制的目的，我们需要为舞者运动模型添加一个头部角度，就像之前添加了 z 轴角度以控制身体一样。

7.5　实时绘制

7.5.1　问题

我们想要实时显示来自 IMU 的数据，这能让我们监测足尖旋转动作。

7.5.2　解决方案

使用 plot 和 drawnow 实现多图绘制。

7.5.3 运行过程

主函数是一个有两种情况的 switch 语句,此函数也有一个内置演示。第一种情况: initialize,初始化待绘制的图,将所有内容存储在每次调用函数时返回的数据结构中,这是函数拥有内存的一种方式。我们返回从每个子函数返回的数据结构。

GUIPlots.m

```matlab
27  switch( lower(action) )
28    case 'initialize'
29      g = Initialize( g );
30
31    case 'update'
32      g = Update( g, y, t );
33
34  end
```

第一种情况:initialize,初始化图形窗口。

```matlab
35  %% GUIPlots>Initialize
36  function g = Initialize( g )
37
38  lY = length(g.yLabel);
39
40  % Create tLim if it does not exist
41  if( ~isfield(g, 'tLim' ) )
42    g.tLim = [0 1];
43  end
44
45  g.tWidth = g.tLim(2) - g.tLim(1);
46
47  % Create yLim if it does not exist
48  if( ~isfield( g, 'yLim' ) )
49    g.yLim = [-ones(lY,1), ones(lY,1)];
50  end
51
52  % Create the plots
53  lP = length(g.yLabel);
54  y  = g.pos(2); % The starting y position
55  for k = 1:lP
56    g.h(k) = subplot(lP,1,k);
57    set(g.h(k),'position',[g.pos(1) y g.pos(3) g.pos(4)]);
58    y = y - 1.4*g.pos(4);
59    g.hPlot(k) = plot(0,0);
60    g.hAxes(k) = gca;
61    g.yWidth(k) = (g.yLim(k,2) - g.yLim(k,1))/2;
62    set(g.hAxes(k),'nextplot','add','xlim',g.tLim);
63    ylabel( char(g.yLabel{k}) )
64    grid on
65  end
66  xlabel( g.tLabel );
```

第二种情况：update，更新图中显示的数据。保留现有的图形、子图和标签，只使用新数据更新图中的线段；可以根据需要改变轴的大小；为每个新数据点添加一个线段，这样一来，绘图之外就不再需要存储空间；读取 xdata 和 ydata，并将新数据附到这些数组后面。

```
67   function g = Update( g, y, t )
68
69   % See if the time limits have been exceeded
70   if( t > g.tLim(2) )
71     g.tLim(2)   = g.tWidth + g.tLim(2);
72     updateAxes = true;
73   else
74     updateAxes = false;
75   end
76
77   lP = length(g.yLabel);
78   for k = 1:lP
79     subplot(g.h(k));
80     yD = get(g.hPlot(k),'ydata');
81     xD = get(g.hPlot(k),'xdata');
82     if( updateAxes )
83       set( gca, 'xLim', g.tLim );
84       set( g.hPlot(k), 'xdata',[xD t],'ydata',[yD y(k)]);
85     else
86       set( g.hPlot(k), 'xdata',[xD t],'ydata',[yD y(k)] );
87     end
88
89   end
```

内置演示绘制了六个数字，它会及时更新坐标轴一次，建立一个带有六个绘图的图形窗口。用户需要创建图形，并在调用 GUIPlots 前保存图形句柄。

```
g.hFig  = NewFig('State');
```

演示中的暂停只是减慢了绘图的速度，以便用户可以看到更新。高度（g.pos 中的最后一个数字）指的是每个绘图的高度，如果碰巧把绘图位置设置在了图形窗口之外，将看到一个 MATLAB 错误。脚本 g.tLim 以秒为单位给出了初始时间限制，随着数据的输入，这个上限将会增大。

```
2    function Demo
3
4    g.yLabel = {'x' 'y' 'z' 'x_1' 'y_1' 'z_1'};
5    g.tLabel = 'Time (sec)';
6    g.tLim   = [0 100];
7    g.pos    = [0.100    0.88    0.8    0.10];
8    g.width  = 1;
9    g.color  = 'b';
10
11   g.hFig  = NewFig('State');
12   set(g.hFig, 'NumberTitle','off' );
13
```

```
14  g          = GUIPlots( 'initialize', [], [], g );
15
16  for k = 1:200
17    y = 0.1*[cos((k/100))-0.05;sin(k/100)];
18    g = GUIPlots( 'update', [y;y.^2;2*y], k, g );
19    pause(0.1)
20  end
21
22  g          = GUIPlots( 'initialize', [], [], g );
23
24  for k = 1:200
25    y = 0.1*[cos((k/100))-0.05;sin(k/100)];
26    g = GUIPlots( 'update', [y;y.^2;2*y], k, g );
27    pause(0.1)
28  end
```

图 7.6 展示了演示结束时对数据的实时绘制。

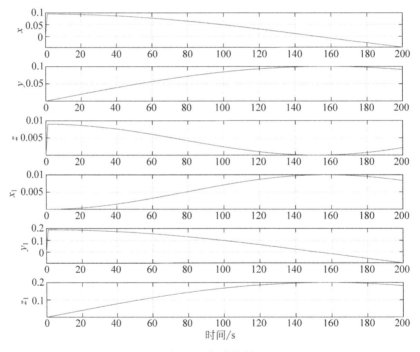

图 7.6　实时绘制

7.6　四元数显示

7.6.1　问题

我们想要实时显示舞者的方向四元数。

7.6.2　解决方案

使用 patch 在 3D 图形中绘制一个 OBJ 模型。图形比四个四元数元素更容易理解。我们的解决方案可以处理三轴旋转，但通常我们只会看到单轴旋转。

7.6.3　运行过程

我们从 ballerina.obj 文件开始，只有顶点和面。3D 绘图由一组顶点组成，每个顶点都是空间中的一个点。多个顶点被组织成面，每个面是一个三角形。三角形之所以被用于 3D 绘图，是因为它们形成了一个平面。3D 处理软件被设计用于处理三角形，因此用三角形面也能最快地提供结果。我们软件的 obj 文件只能包含三角形，且每个面只能包含三个顶点。一般情况下，obj 文件可以有任意点数的面，即多于三个点的面。obj 文件的大多数源都可以提供曲面细分服务，以将具有三个以上顶点的多边形转换成三角形。LoadOBJ.m 只绘制三角形面的模型。

函数的主要部分使用 case 语句来处理三个操作：第一个操作只返回默认值，即默认 obj 文件的名称；第二个操作读取文件并初始化块；第三个操作更新块。patch 是一组三角形的 MATLAB 名称。函数可以被传入一个图形句柄，此图形句柄告诉它应该将 3D 模型绘制到哪个图形中，这使得它可以作为 GUI 的一部分使用，这将在 7.7 节中展示。

QuaternionVisualization.m

```
19  function m = QuaternionVisualization( action, x, f )
20
21  persistent p
22
23  % Demo
24  if( nargin < 1 )
25    Demo
26    return
27  end
28
29  switch( lower(action) )
30      case 'defaults'
31          m = Defaults;
32
33      case 'initialize'
34          if( nargin < 2 )
35              d   = Defaults;
36          else
37              d   = x;
38          end
39
40          if( nargin < 3 )
41            f = [];
42          end
43
```

```
44          p = Initialize( d, f );
45
46    case 'update'
47         if( nargout == 1 )
48             m = Update( p, x );
49         else
50             Update( p, x );
51         end
52  end
```

Initialize 函数加载了 obj 文件。它创建一个图形并保存目标数据结构；设置了内插式阴影和高洛德式照明,高洛德(Gouraud)是一种以其发明者的名字命名的照明模型；然后,它创建所有的块并设置轴系统。我们保存了所有块的句柄,以便后续更新；我们还放置了一盏灯(光源)。

```
53  function p = Initialize( file, f )
54
55  if( isempty(f) )
56    p.fig = NewFigure( 'Quaternion' );
57  else
58    p.fig = f;
59  end
60
61  g     = LoadOBJ( file );
62  p.g   = g;
63
64  shading interp
65  lighting gouraud
66
67  c = [0.3 0.3 0.3];
68
69  for k = 1:length(g.component)
70    p.model(k)    = patch('vertices', g.component(k).v, 'faces',
          g.component(k).f, 'facecolor',c,'edgecolor',c,'ambient',1,'
          edgealpha',0 );
71  end
72
73  xlabel('x');
74  ylabel('y');
75  zlabel('z');
76
77  grid
78  rotate3d on
79  set(gca,'DataAspectRatio',[1 1 1],'DataAspectRatioMode','manual')
80
81  light('position',10*[1 1 1])
82
83  view([1 1 1])
```

在 Update 函数中,我们将四元数转换为一个矩阵,因为用一次矩阵乘法比用一个矩阵分别乘以所有顶点快。这些顶点是 $n \times 3$ 的,所以我们在矩阵乘法之前进行了转置。我们使用块句柄来更新顶点,最后的两个选项是创建电影帧或仅仅更新绘图。

```
84  function m = Update( p, q )
85
86  s = QuaternionToMatrix( q );
87
88  for k = 1:length(p.model)
89    v = (s*p.g.component(k).v')';
90    set(p.model(k),'vertices',v);
91  end
92
93  if( nargout > 0 )
94        m = getframe;
95  else
96        drawnow;
97  end
```

下面是内置演示。我们改变四元数的 1 个和 4 个元素来得到绕 z 轴的旋转。

```
109  function Demo
110
111  QuaternionVisualization( 'initialize', 'Ballerina.obj' );
```

图 7.7 展示了演示期间舞者的两个旋转方向。演示程序生成了舞者绕 z 轴旋转的动画。由于顶点的数量少,旋转速度很慢。由于图形不是铰接式的,因此整个图形是作为刚体进行旋转的。MATLAB 不容易实现纹理映射,所以我们就不在这方面添麻烦了,在任何情况下,这个函数的目的只是显示方向,所以纹理映射是否实现无关紧要。

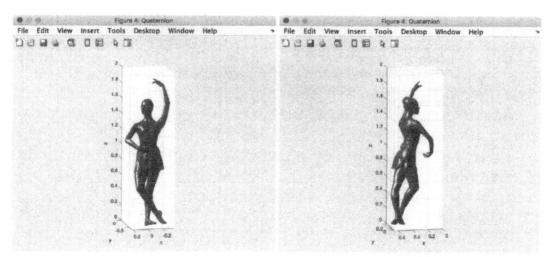

图 7.7　舞者方向(obj 文件由 artist loft_22 创建,可通过 TurboSquid 网站获取)

7.7 获取数据的图形用户界面

7.7.1 问题

建立一个用于获取数据的图形用户界面，以展示实时采集数据，并将其输出到训练集。

7.7.2 解决方案

把前述的所有内容整合到一个图形用户界面中。

7.7.3 运行过程

我们不打算通过 MATLAB 的指南来构建 GUI。我们将手工编写代码，这将使用户更好地了解 GUI 的实际工作方式。我们将为 GUI 使用嵌套函数。内部函数可以访问外部函数中的所有变量。这也使回调非常容易，如下面的代码片段所示：

```
function DancerGUI( file )
function DrawGUI(h)
 uicontrol( h.fig,'callback',@SetValue);
   function SetValue(hObject, ~, ~ )
   % do something
   end
end
end
```

回调是用户与控件交互时，由一个 uicontrol 调用的函数。当第一次打开 GUI（图形用户界面）时，它将查找蓝牙设备，这可能需要一段时间。

DrawGUI 中的所有内容都可以访问 DancerGUI 中的变量。GUI 如图 7.8 所示，3D 方向显示在左上角，实时绘图在右侧，按钮在左下角，电影窗口在右侧。

图的左上方显示了舞者的旋转方向。图的右侧显示了来自 IMU 的角速度和加速度。按钮从上到下分别是：

（1）打开/关闭 3D。默认模型很大，所以除非用户自己的模型的顶点数量少于默认模型，否则它应该被设置为"关"(off)。

（2）右边的文本框是文件的名称。GUI 将在每次运行时在名称的右侧添加一个数字。

（3）Save(保存)，将当前数据保存到一个文件中。

（4）Calibrate(校正)，设置了默认的方向，并将陀螺仪速率和加速度设置为当用户按下按钮时所读取的任何值。当单击校准按钮时，舞者应该是静止的。它会自动计算重力加速度，并在测试过程中减去它。

（5）Quit(退出)，关闭图形用户界面。

（6）Clear data(清除数据)，清除所有的内存数据。

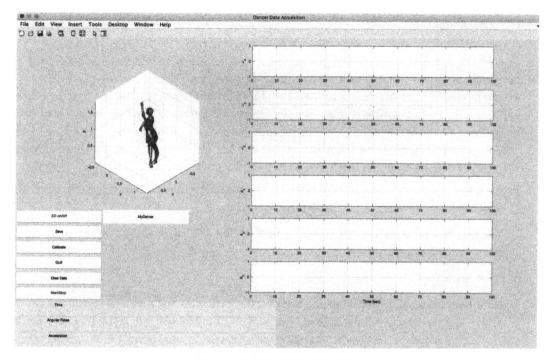

图 7.8 数据采集图形用户界面

(7) Start/Stop,启动和停止图形用户界面。

剩下的三行以数字形式显示时间、角速度向量和加速度向量,这和用于绘制的数据相同。

第一部分创建图形并绘制图形用户界面,为 GUIplots 初始化所有字段,读取电影窗口的默认图片作为占位符。

DancerGUI.m

```matlab
16  function DancerGUI( file )
17
18  % Demo
19  if( nargin < 1 )
20    DancerGUI('Ballerina.obj');
21    return
22  end
23
24  % Storage of data need by the deep learning system
25  kStore      = 1;
26  accelStore  = zeros(3,1000);
27  gyroStore   = zeros(3,1000);
28  quatStore   = zeros(4,1000);
29  timeStore   = zeros(1,1000);
30  time        = 0;
31  on3D        = false;
```

```
32  quitNow      = false;
33
34  sZ = get(0,'ScreenSize') + [99 99 -200 -200];
35
36  h.fig = figure('name','Dancer Data Acquisition','position',sZ,'units',
      'pixels',...
37    'NumberTitle','off','tag','DancerGUI','color',[0.9 0.9 0.9]);
38
39  % Plot display
40  gPlot.yLabel  = {'\omega_x' '\omega_y' '\omega_z' 'a_x' 'a_y' 'a_z'};
41  gPlot.tLabel  = 'Time (sec)';
42  gPlot.tLim    = [0 100];
43  gPlot.pos     = [0.45    0.88    0.46    0.1];
44  gPlot.color   = 'b';
45  gPlot.width   = 1;
46
47  % Calibration
48  q0            = [1;0;0;0];
49  a0            = [0;0;0];
50
51  dIMU.accel    = a0;
52  dIMU.quat     = q0;
53
54  % Initialize the GUI
55  DrawGUI;
```

下面这个符号是 LaTeX 格式,它会生成 ω_x:

```
1  '\omega_x'
```

下一部分尝试寻找蓝牙。首先查看蓝牙是否可用,然后列举所有的蓝牙设备,可以在列表中查找 IMU。

```
2   if( ~isempty(btInfo.RemoteIDs) )
3     % Display the information about the first device discovered
4     btInfo.RemoteNames(1)
5     btInfo.RemoteIDs(1)
6     for iB = length(btInfo.RemoteIDs)
7       if( strcmp(btInfo.RemoteNames(iB),'LPMSB2-4B31D6') )
8         break;
9       end
10    end
11    b         = Bluetooth(btInfo.RemoteIDs{iB}, 1);
12    fopen(b); % No output allowed for some reason
13    noIMU     = false;
14    a         = fread(b,91);
15    dIMU      = DataFromIMU( a );
16  else
17    warndlg('The IMU is not available.', 'Hardware Configuration')
18    noIMU     = true;
19  end
```

下面运行循环。如果没有 IMU,它就会综合数据;如果有 IMU,则 GUI 以 91 字节的块的形式从 IMU 读取数据。uiwait 是在等待用户单击"开始"按钮。当这个运行循环用于测试时,IMU 应该安装在舞者身上。按下"开始"按钮时,舞者应保持静止,然后校准 IMU。校准会修正方向四元数的参考值,并移除重力加速度。用户可以在任意时刻单击"校准"按钮。

```matlab
20  % Wait for user input
21  uiwait;
22  % The run loop
23  time  = 0;
24  tic
25  while(1)
26    if( noIMU )
27      omegaZ       = 2*pi;
28      dT           = toc;
29      time         = time + dT;
30      tic
31      a            = omegaZ*time;
32      q            = [cos(a);0;0;sin(a)];
33      accel        = [0;0;sin(a)];
34      omega        = [0;0;omegaZ];
35    else
36      % Query the bluetooth device
37      a        = fread(b,91);
38      pause(0.1); % needed so not to overload the bluetooth device
39
40      dT       = toc;
41      time     = time + dT;
42      tic
43
44      % Get a data structure
45      if( length(a) > 1 )
46        dIMU     = DataFromIMU( a );
47      end
48      accel    = dIMU.accel - a0;
49      omega    = dIMU.gyro;
50      q        = QuaternionMultiplication(q0,dIMU.quat);
51
52      timeStore(1,kStore)    = time;
53      accelStore(:,kStore)   = accel;
54      gyroStore(:,kStore)    = omega;
55      quatStore(:,kStore)    = q;
56      kStore = kStore + 1;
57    end
58        dIMU     = DataFromIMU( a );
59      end
60      accel    = dIMU.accel - a0;
61      omega    = dIMU.gyro;
```

下面的代码关闭 GUI 并显示 IMU 的数据:

```
62    if( quitNow )
63      close( h.fig )
64      return
65    else
66      if( on3D )
67        QuaternionVisualization( 'update', q );
68      end
69      set(h.text(1),'string',sprintf('[%5.2f;%5.2f;%5.2f] m/s^2',accel));
70      set(h.text(2),'string',sprintf('[%5.2f;%5.2f;%5.2f] rad/s',omega));
71      set(h.text(3),'string',datestr(now));
72      gPlot = GUIPlots( 'update', [omega;accel], time, gPlot );
73    end
74  end
```

绘图代码使用 uicontrol 函数来创建所有按钮。GUIPlots 和 QuaternionVisualization 也被初始化。uicontrol 函数要求具有回调函数。

```
75    if( quitNow )
76      close( h.fig )
77      return
78    else
79      if( on3D )
80        QuaternionVisualization( 'update', q );
81      end
82      set(h.text(1),'string',sprintf('[%5.2f;%5.2f;%5.2f] m/s^2',accel));
83      set(h.text(2),'string',sprintf('[%5.2f;%5.2f;%5.2f] rad/s',omega));
84      set(h.text(3),'string',datestr(now));
85      gPlot = GUIPlots( 'update', [omega;accel], time, gPlot );
86    end
87  end
88
89  %% DancerGUI>DrawButtons
90  function DrawGUI
91
92    % Plots
93    gPlot = GUIPlots( 'initialize', [], [], gPlot );
94
95    % Quaternion display
96    subplot('position',[0.05 0.5 0.4 0.4],'DataAspectRatio',[1 1 1],'
           PlotBoxAspectRatio',[1 1 1] );
97    QuaternionVisualization( 'initialize', file, h.fig );
98
99    % Buttons
100   f   = {'Acceleration', 'Angular Rates' 'Time'};
101   n   = length(f);
102   p   = get(h.fig,'position');
103   dY  = p(4)/20;
104   yH  = p(4)/21;
105   y   = 0.5;
106   x   = 0.15;
107   wX  = p(3)/6;
108
```

```
109    % Create pushbuttons and defaults
110    for k = 1:n
111      h.pushbutton(k) = uicontrol( h.fig,'style','text','string',f{k},
             'position',[x    y wX yH]);
112      h.text(k)       = uicontrol( h.fig,'style','text','string','',
             'position',[x+wX y 2*wX yH]);
113      y               = y + dY;
114    end
```

uicontrol 函数接受参数对,但只有第一个参数可以是图形句柄。有很多可行的参数对,最简单的查看它们的办法是输入:

```
h = uicontrol;
get(h)
```

处理用户交互的所有类型的 uicontrol 都有"回调(函数)",即当按下按钮或选择菜单项时执行某些操作的函数。有五个带有回调函数的 uicontrol,其中第一个 uicontrol 使用 uiwait 和 uiresume 来启动和停止数据收集。

```
3     % Start/Stop button callback
4     function StartStop(hObject, ~, ~ )
5       if( hObject.Value )
6         uiresume;
7       else
8         SaveFile;
9         uiwait
10      end
11    end
```

第二个 uicontrol 使用 questdlg 询问是否要保存存储在 GUI 中的数据,它将生成如图 7.9 所示的模态对话框。

```
12    % Quit button callback
13    function Quit(~, ~, ~ )
14      button = questdlg('Save Data?','Exit Dialog','Yes','No','No');
15      switch button
16        case 'Yes'
17          % Save data
18        case 'No'
19      end
20      quitNow = true;
21      uiresume
22    end
```

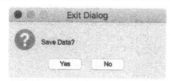

图 7.9　模式对话框

第三个 uicontrol 是 Clear,清除数据存储数组,将四元数重置为单元四元数。

```
23    % Clear button callback
24    function Clear(~, ~, ~ )
25      kStore     = 1;
26      accelStore = zeros(3,1000);
27      gyroStore  = zeros(3,1000);
28      quatStore  = zeros(4,1000);
29      timeStore  = zeros(1,1000);
30      time       = 0;
31    end
```

第四个 uicontrol 是 calibrate(校准),运行校准程序。

```
32    % Calibrate button callback
33    function Calibrate(~, ~, ~ )
34      a     = fread(b,91);
35      dIMU  = DataFromIMU( a );
36      a0    = dIMU.accel;
37      q0    = dIMU.quat;
38      QuaternionVisualization( 'update', q0 )
39    end
```

第五个 uicontrol 是 SaveFile,将记录的数据保存到 mat 文件中,供深度学习算法使用。

```
40    % Save button call back
41    function SaveFile(~,~,~)
42      cd TestData
43      fileName = get(h.matFile,'string');
44      s = dir;
45      n = length(s);
46      fNames = cell(1,n-2);
47      for kF = 3:n
48        fNames{kF-2} = s(kF).name(1:end-4);
49      end
50      j = contains(fNames,fileName);
51      m = 0;
52      if( ~isempty(j) )
53        for kF = 1:length(j)
54          if( j(kF))
55            f = fNames{kF};
56            i = strfind(f,'_');
57            m = str2double(f(i+1:end));
58          end
59        end
60      end
```

为了更容易地保存文件,可以读取目录并在舞者文件名的末尾添加一个比最后一个文件名大 1 的数字。

7.8　制作 IMU 腰带

7.8.1　问题

我们需要把 IMU 安装在舞者身上。

7.8.2　解决方案

我们使用可由制造商提供的臂带：我们买了一条松紧带，做成了一条可绕束在舞者腰间的带子(上面安装着 IMU 传感装置)。

7.8.3　运行过程

软件工程师还需要做些缝补工作，图 7.10 展示了这个过程。用于制作数据采集带的两个产品是：

图 7.10　弹力带制作(左边的两个产品制作出右边的这个实验用品)

(1) LPMS-B2 固定器(来自生命性能研究所)；

(2) 男士隐形休闲网式腰带的快速释放扁平塑料带扣(亚马逊网站有售)。

从 LPMS-B2 固定器上移除固定器；在腰带卡扣处剪断，然后将固定器滑到腰带上，并将卡扣处的腰带缝合。

舞者身上的传感器如图 7.11 所示。我们让舞者在启动时站在笔记本电脑旁边；实验期间没有任何距离问题，因为我们没有尝试过需要舞者在整个房间里进行移动的动作，比如芭蕾舞蹈动作 grande allegro。

图 7.11　戴着感应带的舞者(感应带发出蓝色光表示正在收集数据)

7.9　测试系统

7.9.1　问题

我们想测试一下数据采集系统,以发现数据获取过程中的任何可能问题。

7.9.2　解决方案

让舞者做一些有变化的动作:在落地时改变脚的位置的小幅跳跃动作。

7.9.3　运行过程

舞者戴上传感器腰带后,我们按下"校准"按钮,然后她做一系列变换动作。舞者站在距离计算机大约 2m 远的地方,以便于更容易采集数据。舞者做一些小幅跳跃,其中脚从第五位置开始改变位置,如果右脚在开始时处于第五位置的前方(即右脚在前左脚在后),则在动作结束时,它会移到后方,如图 7.12 所示。

时间尺度有点长。可以看到,校准并没有使我们在 GUI 的坐标轴系统中找到一个自然的方向。从数据收集的角度来看,这并不重要,但这是我们在未来应该做的改进。变换如图 7.13 所示,舞者在变换动作开始和结束时都是静止的。

图 7.12 正在做变换动作的舞者(注意第一张图展示了她准备起跳时双脚的动作，第二张图展示了跳跃进行到一半时双脚的状态)

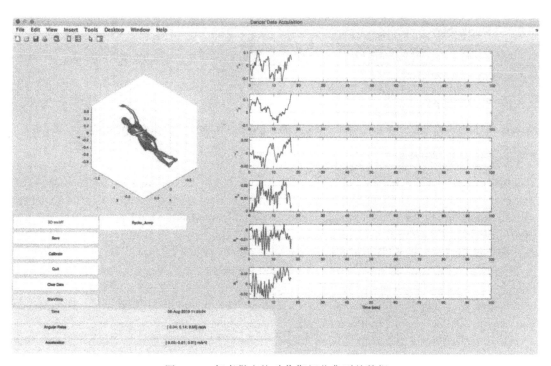

图 7.13 舞者做变换动作期间收集到的数据

蓝牙设备的接口不做任何检查或流控制,所以一些数据收集错误时有发生,通常,这些错误发生在数据收集开始的 40s 后。

```
index exceeds the number of array elements (0).
Error in instrhwinfo>bluetoothCombinedDevices (line 976)
        uniqueBTName = allBTName(uniqueRowOrder);
Error in instrhwinfo (line 206)
                    tempOut = bluetoothCombinedDevices(tempOut);
Error in DataAcquisition (line 13)
btInfo  = instrhwinfo('Bluetooth');
```

如果这些错误发生,则重新启动 IMU 设备;如果还是无效,则重新启动 MATLAB。

另一种蓝牙错误是:

```
ans =
  1x1 cell array
    {'LPMSB2-4B31D6'}
ans =
  1x1 cell array
    {'btspp://00043E4B31D6'}
Error using Bluetooth (line 104)
Cannot Create: Java exception occurred:
java.lang.NullPointerException
        at com.mathworks.toolbox.instrument.BluetoothDiscovery.
            searchDevice(BluetoothDiscovery.java:395)
        at com.mathworks.toolbox.instrument.BluetoothDiscovery.
            discoverServices(BluetoothDiscovery.java:425)
        at com.mathworks.toolbox.instrument.BluetoothDiscovery.
            hardwareInfo(BluetoothDiscovery.java:343)
        at com.mathworks.toolbox.instrument.Bluetooth.<init>(Bluetooth.
            java:205).
```

这是一个 MATLAB 错误,需要重启 MATLAB。但这个错误并不经常发生,我们在收集四名舞者分别做 10 个旋转动作的所有数据期间,完全没有遇到这个问题。

7.10 分类足尖旋转动作

7.10.1 问题

我们想要对四名舞者的足尖旋转动作进行分类(即给定一个动作,回答它是由哪名舞者做出的)。

7.10.2 解决方案

创建一个 LSTM(长短期记忆网络),根据舞者来分类旋转动作,四个类别标签是舞者的名字。

7.10.3 运行过程

以下脚本加载一个记录了一名舞者的一次双旋转动作的文件,并显示数据。图 7.14 展示了一个双足尖旋转(即连续做两次足尖旋转),其中一个旋转只需要几秒钟。

```
1  dancer = {'Ryoko' 'Shaye', 'Emily', 'Matanya'};
2
3  %% Show one dancer's data
4  cd TestData
5  s   = load('Ryoko_10.mat');
6  yL  = {'\omega_x' '\omega_y' '\omega_z' 'a_x' 'a_y' 'a_z'};
7  PlotSet(s.time,s.state(1:6,:),'x label','Time (s)','y label',yL,'figure
       title',dancer{1});
```

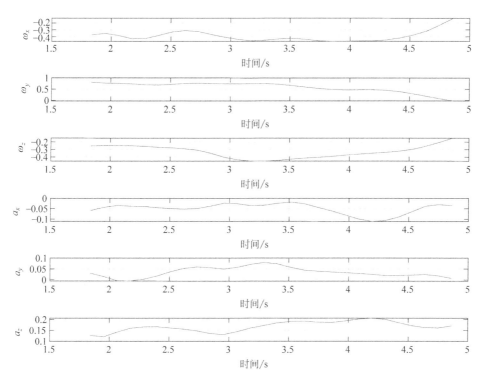

图 7.14 足尖旋转动作(显示度和线性加速度)

加载数据并将时间范围限制在 6s 内,有时,由于人为错误,IMU 会运行更长时间;我们还会移除错误数据(数据明显异常、缺失等)的组。

DancerNN.m

```
1  %% Load in and process the data
2  n = 40;
3  % Get the data and remove bad data sets
4  i = 0;
5  for k = 1:length(dancer)
6    for j = 1:10
7      s   = load(sprintf('%s_%d.mat',dancer{k},j));
8      cS  = size(s.state,2);
```

```
9      if( cS > 7 )
10       i        = i + 1;
11       d{i,1}   = s.state; %#ok<*SAGROW>
12       t{i,1}   = s.time;
13       c(i,1)   = k;
14     end
15   end
16 end
17
18 fprintf('%d remaining data sets out of %d total.\n',i,n)
19
20 for k = 1:4
21   j = length(find(c==k));
22   fprintf('%7s data sets %d\n',dancer{k},j)
23 end
24
25 n = i;
26
27 cd ..
28
29 % Limit the range to 6 seconds
30 tRange = 6;
31 for i = 1:n
32   j = find(t{i} - t{i,1} > tRange );
33   if( ~isempty(j) )
34     d{i}(:,j(1)+1:end)= [];
35   end
36 end
```

训练神经网络。用一个双向 LSTM 对序列进行分类。一共有 10 个特征：4 个表示方向的四元数测量值，3 个表示速率的陀螺仪数据，以及 3 个加速度计测量值。4 个四元数通过以下关系耦合：

$$1 = q_1^2 + q_2^2 + q_3^2 + q_4^2 \tag{7.19}$$

但是，这只会减慢学习的速度，而并不会影响学习的精度。

加载并处理数据。有些数据集中没有包含任何数据，需要删除；有时，旋转结束后数据收集却并没有及时停止，所以还要把时间范围限制为 6s 内。

```
1 %% Load in and process the data
2 n = 40;
3 % Get the data and remove bad data sets
4 i = 0;
5 for k = 1:length(dancer)
6   for j = 1:10
7     s   = load(sprintf('%s_%d.mat',dancer{k},j));
8     cS  = size(s.state,2);
9     if( cS > 7 )
10      i        = i + 1;
11      d{i,1}   = s.state; %#ok<*SAGROW>
12      t{i,1}   = s.time;
```

```
13        c(i,1)   = k;
14      end
15    end
16  end
17
18  fprintf('%d remaining data sets out of %d total.\n',i,n)
19
20  for k = 1:4
21    j = length(find(c==k));
22    fprintf('%7s data sets %d\n',dancer{k},j)
23  end
24
25  n = i;
26
27  cd ..
28
29  % Limit the range to 6 seconds
30  tRange = 6;
31  for i = 1:n
32    j = find(t{i} - t{i,1} > tRange );
33    if( ~isempty(j) )
34      d{i}(:,j(1)+1:end)= [];
35    end
36  end
37
38  %% Set up the network
39  numFeatures = 10; % 4 quaternion, 3 rate gyros, 3 accelerometers
40  numHiddenUnits = 400;
41  numClasses = 4; % Four dancers
42
43  layers = [ ...
44      sequenceInputLayer(numFeatures)
45      bilstmLayer(numHiddenUnits,'OutputMode','last')
46      fullyConnectedLayer(numClasses)
47      softmaxLayer
48      classificationLayer];
49  disp(layers)
50
51  options = trainingOptions('adam', ...
52      'MaxEpochs',60, ...
53      'GradientThreshold',1, ...
54      'Verbose',0, ...
55      'Plots','training-progress');
```

训练神经网络。我们使用双向 LSTM 对序列进行分类,这是一个很好的选择,因为我们可以访问完整的序列。对于使用 bilstmLayer 的分类器,必须把"outputMode"设置为"last"。bilstmLayer 后面紧接着的是一个全连接层,然后是一个用于生成标准化最大值的 softmax 层,最后是分类层。

```
56  %% Train the network
57  nTrain  = 30;
```

```
58  kTrain    = randperm(n,nTrain);
59  xTrain    = d(kTrain);
60  yTrain    = categorical(c(kTrain));
61  net       = trainNetwork(xTrain,yTrain,layers,options);
62
63  %% Test the network
64  kTest     = setdiff(1:n,kTrain);
65  xTest     = d(kTest);
66  yTest     = categorical(c(kTest));
67  yPred     = classify(net,xTest);
68
69  % Calculate the classification accuracy of the predictions.
70  acc          = sum(yPred == yTest)./numel(yTest);
71  disp('Accuracy')
72  disp(acc);
```

```
>> DancerNN
36 remaining data sets out of 40 total.
   Ryoko data sets 6
  Shaye data sets 10
  Emily data sets 10
Matanya data sets 10
 5x1 Layer array with layers:

     1   ''    Sequence Input        Sequence input with 10 dimensions
     2   ''    BiLSTM                BiLSTM with 400 hidden units
     3   ''    Fully Connected       4 fully connected layer
     4   ''    Softmax               softmax
     5   ''    Classification Output crossentropyex
```

训练过程中的 GUI 如图 7.15 所示,它收敛得相当好。

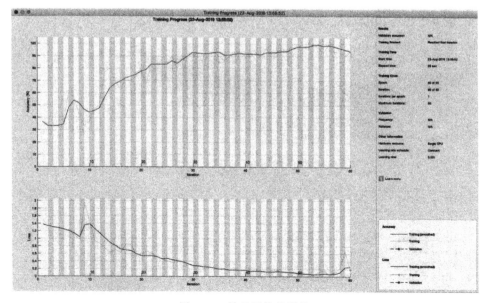

图 7.15　神经网络的训练

最后,把未用于训练的数据用于神经网络的测试。

```
14  kTrain    = randperm(n,nTrain);
15  xTrain    = d(kTrain);
16  yTrain    = categorical(c(kTrain));
17  net       = trainNetwork(xTrain,yTrain,layers,options);
18
19  %% Test the network
20  kTest     = setdiff(1:n,kTrain);
21  xTest     = d(kTest);
22  yTest     = categorical(c(kTest));
23  yPred     = classify(net,xTest);
```

```
Accuracy
   0.8333
```

考虑到有限的数据量,大于 80% 的分类结果已经非常好了。由于数据采集错误,丢失了舞者 Ryoko 的四组数据。深度学习网络可以区分舞者的旋转动作,这是很有趣的,毕竟数据本身并没有显示出任何容易发现的差异。校准本可以做得更好,以使不同舞者的数据更一致;如果能在多日内收集数据,也会很有趣。其他实验方向有:对穿尖头鞋和不穿尖头鞋的旋转动作进行分类;可能会让舞者做不同类型的旋转,看看深度学习网络是否仍然可以识别出该舞者。

7.11 硬件资源

表 7.3 列出了本章所用的硬件以及出版时(本书英文版)的价格(以美元计算)。

表 7.3 硬件

组 成 部 件	供 应 商	零 件 号 码	价 格
IMU	生命性能研究所	LPMS-B2:9-轴惯性测量单元	299.00
IMU 固定器	生命性能研究所	LPMS-B2:固定器	30.00
腰带	亚马逊公司	男士隐形休闲网式腰带(带扣适合 24~42)	10.99

第 8 章

补 全 句 子

8.1 引言

8.1.1 句子的补全

句子补全是文本输入系统的一个有用特性。给定一组可能的句子,我们希望系统能够预测句子中缺失的部分。本章将使用"Research Sentence Completion Challenge"数据集[31],它是一个包含 1040 个句子的数据库,其中每个句子有四个伪句子和一个正确句子,伪句子和正确句子在一个固定位置上的单词不同。深度学习系统的任务就是识别出 5 个句子中的正确单词。伪词语和正确词语有相似的出现统计量,如出现概率。数据集的句子选自《福尔摩斯探案集》,而伪单词是用一种语言模型生成的,这种语言模型使用了 500 多本 19 世纪的小说,为每个正确单词生成了 30 个备选词,数据集制作者从这 30 个替代词中选出了 4 个最佳替代词作为数据集的伪词汇。此数据库可以在谷歌的云端硬盘[20]下载。

下面给出了数据库中的第一个句子,以及包括 4 个伪单词的 5 种答案:

```
I have it from the same source that you are both an orphan and a bachelor
  and are _____ alone in London.
(a) crying   (b) instantaneously (c) residing (d) matched (e) walking
```

其中,(b)和(d)不符合语法;(a)和(e)与开头矛盾,在开头,发言者叙述了关于主题状态的大体信息;(c)最说得通;如果在"are"后面有"often seen",那么(a)和(e)就有可能正确,而(c)不再说得通。需要额外的信息来确定(a)或(e)是否是正确的。

8.1.2 语法

语法在解析句子含义时很重要。语言的结构,也就是语法,是非常重要的。由于我们的所有用户都不是以英语为母语,我们将给出一些其他语言的例子。

在俄语中,词语的顺序不是固定的。读者总能从词尾变化和词缀变化中分辨出有哪些单词,以及它们到底是形容词、动词、还是名词等。但词序很重要,因为它可以用于强调重点。例如,用俄语说"我是工程师":

Я инженер

如果我们颠倒词序:

инженер Я

颠倒以后,强调的重点就是"工程师",而不是"我"了。虽然很容易知道这句话是在说"我是一名工程师",但我们并不一定知道说话人对此有何看法。这在生硬的机械翻译中可能不重要,但一定会影响到文学。

日语是一种主语-宾语-动词结构的语言。在日语中,动词在句末。日语中也使用助词来表示词的功能,如主语或宾语。对于句子补全问题,助词表示单词的功能,句子的其余部分决定了这个词可能的意思。下面是一些助词:

は"wa/ha"表示主题,可能是主语或宾语。

を"wo/o"表示宾语。

が"ga"表示主语。

比如,在日语中,

私 はエンジニアです

或者"watashi wa enjinia desu",意思是"我是一名工程师"。は是指向"我"的主题标记;です是动词;我们需要其他的句子来预测私,"我",或"工程师"。

日语还有一个特点,即除了动词,句子中其他所有的成分都可以省略。

いただきます

或者"I ta da ki ma su",意思是"无论给我什么,我都会吃"。你需要通过上下文或者有其他的句子来理解这个句子的意思。

此外,在日语中,许多不同的日语汉字或符号,可以表示大致相同的东西,但强调的重点是不同的;其他日语汉字根据上下文可以有不同的含义;日语词汇之间没有空格。你只需要知道一个像は的假名字符,是之前的日语汉字的一部分。

8.1.3　通过模式识别实现句子补全

我们的方法是通过模式识别来补全句子。给定句子数据库,模式识别算法要能够识别出其中使用的模式并发现错误。而且,在大多数语言中,人与人之间的对话比书面语言使用的单词更少,句子结构也更简单。如果你看一部外语电影,且你对这门外语稍微了解的话,你就会注意到这一点,会发现比预期多得多的这种情况。但是,俄语在这方面是一个极端例子,靠阅读建立词汇库是非常困难的,因为这门语言实在太复杂了。许多俄语教师教授词根系统,这样你不用经常查字典就能猜出单词的意思。利用词根和句子结构猜词是一种补全句子的形式,但我们把这种补全形式留给俄罗斯读者,我们还是使用模式识别的方式。

8.1.4　生成句子

顺便说一句,句子补全引出了生成式深度学习[12]。在生成式深度学习中,神经网络学习模式,然后创造出新的材料(数据)。例如,一个深度学习网络可以学习报纸文章是如何写的,并且能够根据文章应该呈现的基本事实生成新的文章。这与汤姆·斯威夫特(Tom Swift)和南希·德鲁(Nancy Drew)等作家有偿撰写系列新书的情况没什么区别。也许,作者在故事中加入了他或她的个性,但也许用户只是想要了解事情本身,而对于作者是否了加入自己的个性并不是很关心。

8.2　生成句子数据库

8.2.1　问题

我们想要制作一些 MATLAB 可访问的句子。

8.2.2　解决方案

从数据库中读取句子:编写一个函数对制表符分隔的文本进行读取。

8.2.3　运行过程

我们从谷歌云盘下载的数据库是一个 Excel 的 csv 文件。需要首先打开此文件并将其保存制表符分隔的文本文件,之后,就可以把句子读入到 MATLAB 中了,我们对 test_answer.csv 和 testing_data.csv 都这样处理。我们在 Excel 中手动删除了 test_answer.csv 中的第一列,因为不需要用到它,本书中只需要使用我们生成的 txt 文件。

如果有统计和机器学习工具箱(Statistics and Machine Learning Toolbox),就可以使用 tdfread 函数,我们会写一个和此函数功能一样的函数。报头中显示了三个输出,分别是句子、补全单词所需的字符范围、五个可能的单词和正确答案。

首先,用代码 f = fopen('testing_data.txt', 'r');打开文件,告诉 MATLAB 该文件是一个文本文件。搜索制表符并添加行尾标记,这样我们就可以找到最后一个单词。然后,用 fopen 函数读入用文本编辑器删除了所有无关引号的测试答案文本文件,并将其中的所有字符转换为数字。

ReadDatabase.m

```
1
2   f = fopen('testing_data.txt','r');
3
4   % We know the size of the file simplifying the code.
5   u = zeros(1040,2);
6   a = zeros(1040,1);
7   s = strings(1040,1);
8   v = strings(1040,5);
9   t = sprintf('\t');
10  k = 1;
11
12  % Read in the sentences and words
13  while(~feof(f))
14    q       = fgetl(f); % This is one line of text
15    j       = [strfind(q,t) length(q)+1]; % This finds tabs that delimit words
16    s(k)    = convertCharsToStrings(q(j(1)+1:j(2)-1)); % Convert to strings
17    for i = 1:5
18      v(k,i) = convertCharsToStrings(q(j(i+1)+1:j(i+2)-1)); % Make strings
19    end
20    ul      = strfind(s(k),'_'); % Find the space where the answers go
21    u(k,:)  = [ul(1) ul(end)]; % Get the range of characters for the answer
22    k       = k + 1;
23  end
24
25  fclose(f);
26
27  % Read in the test answers
28  f = fopen('test_answer.txt','r');
29
30  k = 1;
31  while(~feof(f))
32    q               = fgetl(f);
33    a(k,1)          = double(q)-96;
34    k               = k + 1;
35  end
36
37  fclose(f);
```

如果运行此函数,可以得到以下输出:

```
>> [s,u,v,a] = ReadDatabase;
>> s(1)
ans =
    "I have it from the same source that you are both an orphan and a
        bachelor and are _____ alone in London."
>> v(1,:)
ans =
  1x5 string array
    "crying"    "instantaneously"    "residing"    "matched"    "walking"
>> a(1)
ans =
    3
```

所有输出(答案编号除外)都是字符串,由 convertCharsToStrings 执行转换。现在我们已经在 MATLAB 中获得了所有的数据,所以准备开始尝试训练深度学习系统以确定每个句子的最佳单词。在训练之前,还有一个中间步骤,即把单词转换成数字。

8.3 创建一个数字字典

8.3.1 问题

我们想创建一个数字字典来加速神经网络训练,因为这样可以消除训练过程中的字符串匹配需求。将一个句子表示为一个数字序列,而不是字符数组(单词)序列,本质上为我们提供了一种更有效的表示句子的方法。当我们在一个句子数据库上执行机器学习以学习判定有效和无效序列时,这会非常有用。

8.3.2 解决方案

编写一个 MATLAB 函数 DistinctWords,来搜索文本并找到唯一的单词。

8.3.3 运行过程

DistinctWords 函数在以下几行代码中使用 erase 函数删除标点符号:

DistinctWords.m

```
1  % Remove punctuation
2  w = erase(w,';');
3  w = erase(w,',');
4  w = erase(w,'.');
```

然后使用 split 函数来拆分字符串,并使用 unique 函数找到所有互不相同的字符串。

```
5  % Find unique words
6  s = split(w)';
7  d = unique(s);
```

以下是内置演示,它找到了 38 个不同的单词:

```
>> DistinctWords
w =
    "No one knew it then, but she was being held under a type of house
        arrest while the tax authorities scoured
    the records of her long and lucrative career as an actress, a
        luminary of the red carpet, a face of luxury
      brands and a successful businesswoman."
```

```
d =
  1x38 string array
  Columns 1 through 12
    "No"      "one"     "knew"    "it"      "then"    "but"     "she"     "was"
          "being"     "held"    "under"    "type"
  Columns 13 through 22
    "house"    "arrest"    "while"    "tax"     "authorities"    "scoured"
          "records"    "her"    "long"    "lucrative"
  Columns 23 through 33
    "career"    "as"     "an"     "actress"    "luminary"    "the"     "red"
          "carpet"    "face"    "of"     "luxury"
  Columns 34 through 38
    "brands"    "and"     "a"     "successful"    "businesswoman"
n =
  Columns 1 through 20
      1     2     3     4     5     6     7     8     9    10    11    36
          12    32    13    14    15    28    16    17
  Columns 21 through 40
     18    28    19    32    20    21    35    22    23    24    25    26
          36    27    32    28    29    30    36    31
  Columns 41 through 47
     32    33    34    35    36    37    38
```

d 是一个字符串数组，它被映射到了数值数组 n。

8.4 把句子映射为数字

8.4.1 问题

我们想把句子映射为一组唯一的数字（即一个词对应一个唯一的数字）。

8.4.2 解决方案

编写一个 MATLAB 函数来搜索文本并为每个单词分配一个唯一的数字。

8.4.3 运行过程

下面的函数使用字符串数组 d 对字符串进行分割和搜索，最后一行代码删除所有字典中不存在的单词（在本例中仅删除标点符号）：

MapToNumbers.m

```
1  function n = MapToNumbers( w, d )
2
3  % Demo
4  if( nargin < 1 )
5    Demo;
6    return
7  end
```

```
8
9   w = erase(w,';');
10  w = erase(w,',');
11  w = erase(w,'.');
12  s = split(w)';   % string array
13
14  n = zeros(1,length(s));
15  for k = 1:length(s)
16    ids = find(strcmp(s(k),d));
17    if ~isempty(ids)
18      n(k) = ids;
19    end
20
21  end
22
23  n(n==0) = [];
```

下面是内置演示:

```
>> MapToNumbers
w =
    "No one knew it then, but she was being held under a type of house
       arrest while the tax authorities scoured the records of her long
       and lucrative career as an actress, a luminary of the red carpet,
       a face of luxury brands and a successful businesswoman."
n =
   Columns 1 through 19
       1      2      3      4      0      6      7      8      9     10     11     36
             12     32     13     14     15     28     16
   Columns 20 through 38
      17     18     28     19     32     20     21     35     22     23     24     25
              0     36     27     32     28     29      0
   Columns 39 through 46
      36     31     32     33     34     35     36     37
```

8.5 转换句子

8.5.1 问题

我们想把句子转换成数字序列。

8.5.2 解决方案

编写一个 MATLAB 函数,先取出每一个句子,为其空缺位置添加一个备选词,然后创建一个数字序列,每个句子都要被归类为正确或不正确。

8.5.3　运行过程

脚本 PrepareSequences.m 读入数据集，并为所有的句子创建一个数字字典，然后将它们转换成数字序列。脚本的第一部分创建了 5200 个句子（数据集有 1040 个句子，每个句子的缺失位置有 5 个备选词，所以得到了 5200 个句子），每一个都被分类为"正确"或"不正确"，注意我们如何初始化一个字符串数组。

PrepareSequences.m

```
1   %% See also
2   % ReadDatabase, extractBefore, extractAfter, MapToNumbers
3
4   [s,u,v,a] = ReadDatabase;
5
6   % Whatever you want in the training
7   nSentences = 100; %length(s);
8
9   i = 1;
10  c = zeros(size(v,2)*nSentences,1);
11  z = strings(size(v,2)*nSentences,1);
12  for k = 1:nSentences
13    q1    = extractBefore(s(k),u(k,1));
14    q2    = extractAfter(s(k),u(k,2));
15    for j = 1:size(v,2)
16      z(i)  = q1 + v(k,j) + q2;
17      if( j == a(k,1) )
18        c(i) = 1;
19      else
20        c(i) = 0;
21      end
22      i = i + 1;
23    end
24  end
```

脚本的下一部分将所有句子连接成一个超大字符串，并创建一个字典：

```
25  %% Create a numeric dictionary
26  r = z(1);
27  for k = 2:length(z)
28    r = r + " " + z(k); % append all the sentences to one string
29  end
30
31  d = DistinctWords( r ); % find the distinct words
```

脚本的最后一部分创建并保存数值句子，其中的打印循环展示了使用 fprintf 打印数组的一种简便方法：

```
32    nZ{k} = MapToNumbers( z(k), d );
33  end
34
35  % Print 2 sentences
36  for k = 1:10
37    fprintf('Category: %d',c(k));
38    fprintf('%5d',nZ{k})
39    fprintf('\n')
40    if( mod(k,5) == 0 )
41      fprintf('\n')
42    end
43  end
44
45  %% Save the numbers and category in a mat-file
46
47  save('Sentences','nZ', 'c');
```

与预期的一样,每一组的 5 句话中只有 1 个单词不同:

```
>> PrepareSequences
Category: 0   1 428 538 541 553 103   6 535 149  10   7 170   8 546 544
      9 546  10   2  12 404
Category: 0   1 428 538 541 553 103   6 535 149  10   7 170   8 546 544
      9 546  10   3  12 404
Category: 1   1 428 538 541 553 103   6 535 149  10   7 170   8 546 544
      9 546  10   4  12 404
Category: 0   1 428 538 541 553 103   6 535 149  10   7 170   8 546 544
      9 546  10   5  12 404
Category: 0   1 428 538 541 553 103   6 535 149  10   7 170   8 546 544
      9 546  10  11  12 404

Category: 1 323 481 378  19 465 544  18 546  19 465 544  20 549  21  22
     14 404  24  25 546
Category: 0 323 481 378  19 465 544  18 546  19 465 544  20 549  21  22
     15 404  24  25 546
Category: 0 323 481 378  19 465 544  18 546  19 465 544  20 549  21  22
     16 404  24  25 546
Category: 0 323 481 378  19 465 544  18 546  19 465 544  20 549  21  22
     17 404  24  25 546
Category: 0 323 481 378  19 465 544  18 546  19 465 544  20 549  21  22
     23 404  24  25 546
```

8.6 训练与测试

8.6.1 问题

我们想构建一个深度学习系统来补全句子。我们的想法是,由所有正确句子和不正确句子组成的完整数据库可以为神经网络提供足够的信息来推断句子的语法和含义。

8.6.2 解决方案

编写一个 MATLAB 脚本实现一个 LSTM(长短期记忆网络),来对句子进行正确或错误的分类。我们直接用完整的句子来训练 LSTM,而不提供关于单词的任何信息,例如单词是否是名词、动词还是形容词,也不提供任何语法结构信息。

8.6.3 运行过程

我们尽可能简单地设计这个系统。它将读入句子,分类为"正确"或"不正确",然后只根据学习到的模式,试着确定新句子正确与否。这是一种非常简单且粗糙的方法,我们不会利用语法知识、单词类型(动词、名词等)或上下文来帮助预测。语言建模是一个巨大的领域,但我们不会使用该领域的任何研究成果。当然,应用所有的语法规则不一定能确保成功;否则,SAT 的阅读测试就能多得 800 分了。

我们使用相同的代码来确保序列是有效的。

SentenceCompletionNN.m

```
1  %% Load the data
2  s = load('Sentences');
3  n = length(s.c);          % number of sentences
4
5  % Make sure the sequences are valid. One in every 5 is complete.
6  for k = 1:10
7    fprintf('Category: %d',s.c(k));
8    fprintf('%5d',s.nZ{k})
9    fprintf('\n')
10   if( mod(k,5) == 0 )
11     fprintf('\n')
12   end
13 end
14
15 %% Set up the network
```

每组都有一个正确的句子,其余答案都是错误的。

```
>> SentenceCompletionNN
Category: 0    1 428 538 541 553 103    6 535 149   10    7 170    8 546 544
     9 546   10    2   12 404
Category: 0    1 428 538 541 553 103    6 535 149   10    7 170    8 546 544
     9 546   10    3   12 404
Category: 1    1 428 538 541 553 103    6 535 149   10    7 170    8 546 544
     9 546   10    4   12 404
Category: 0    1 428 538 541 553 103    6 535 149   10    7 170    8 546 544
     9 546   10    5   12 404
Category: 0    1 428 538 541 553 103    6 535 149   10    7 170    8 546 544
     9 546   10   11   12 404

Category: 1 323 481 378   19 465 544   18 546   19 465 544   20 549   21   22
   14 404   24   25 546
```

```
Category: 0 323 481 378  19 465 544  18 546  19 465 544  20 549  21  22
    15 404  24  25 546
Category: 0 323 481 378  19 465 544  18 546  19 465 544  20 549  21  22
    16 404  24  25 546
Category: 0 323 481 378  19 465 544  18 546  19 465 544  20 549  21  22
    17 404  24  25 546
Category: 0 323 481 378  19 465 544  18 546  19 465 544  20 549  21  22
    23 404  24  25 546
```

由于我们在预测时,可以访问测试句子的完整序列,所以在网络中用了一个双向 LSTM 层。双向 LSTM 层在任何时间步骤都可以从完整序列中学习。下面是训练部分的代码,我们将类别 0 和 1 转换为一个分类变量。

```matlab
13  numFeatures = 1;
14  numHiddenUnits = 400;
15  numClasses = 2;
16
17  layers = [ ...
18      sequenceInputLayer(numFeatures)
19      bilstmLayer(numHiddenUnits,'OutputMode','last')
20      fullyConnectedLayer(numClasses)
21      softmaxLayer
22      classificationLayer];
23
24  disp(layers)
25
26  options = trainingOptions('adam', ...
27      'MaxEpochs',60, ...
28      'MiniBatchSize',20,...
29      'GradientThreshold',1, ...
30      'SequenceLength','longest', ...
31      'Shuffle','never', ...
32      'Verbose',1, ...
33      'InitialLearnRate',0.01,...
34      'Plots','training-progress');
35  %     'SequenceLength','longest', ...
36
37  %% Train the network - Uniform set
38  nSentences  = n/5; % number of complete sentences in the database
39  nTrain      = floor(0.75*nSentences);        % use 75% for training
40  xTrain      = s.nZ(1:5*nTrain);              % sentence indices, in order
41  yTrain      = categorical(s.c(1:5*nTrain)); % complete or not?
42  net         = trainNetwork(xTrain,yTrain,layers,options);
```

输出是

```
5x1 Layer array with layers:

    1   ''   Sequence Input      Sequence input with 1 dimensions
    2   ''   BiLSTM              BiLSTM with 400 hidden units
    3   ''   Fully Connected     2 fully connected layer
```

```
    4   ''   Softmax                softmax
    5   ''   Classification Output  crossentropyex
Uniform set
   0.8000
Random set
   0.6176
```

第一层为输入层,输入为一维序列;第二层是双向 LSTM 层;第三层是全连接层;接下来是一个 softmax 层;最后是分类层。标准 softmax 函数是

$$\sigma_k = \frac{e^{z_i}}{\sum_{j=1}^{K} e^{z_j}} \tag{8.1}$$

本质上,它是一个归一化的输出。

以下是测试代码:

```
12  %% Train the network - Uniform set
13  nSentences  = n/5; % number of complete sentences in the database
14  nTrain      = floor(0.75*nSentences);      % use 75% for training
15  xTrain      = s.nZ(1:5*nTrain);            % sentence indices, in
        order
16  yTrain      = categorical(s.c(1:5*nTrain)); % complete or not?
17  net         = trainNetwork(xTrain,yTrain,layers,options);
18
19  % Test this network - 80% accuracy
20  xTest       = s.nZ(5*nTrain+1:end);
21  yTest       = categorical(s.c(5*nTrain+1:end));
22  yPred       = classify(net,xTest);
23
24  % Calculate the classification accuracy of the predictions.
25  acc         = sum(yPred == yTest)./numel(yTest);
26  disp('Uniform set')
27  disp(acc);
28
29  %% Train the network using randomly selected sentences
30  kTrain  = randperm(n,5*nTrain); % nTrain (30!) integers in range 1:n
31  xTrain  = s.nZ(kTrain);
32  yTrain  = categorical(s.c(kTrain));
33  net     = trainNetwork(xTrain,yTrain,layers,options);
34
35  % Test the network
36  kTest = setdiff(1:n,kTrain);
37  xTest = s.nZ(kTest);
38  yTest = categorical(s.c(kTest));
39  yPred = classify(net,xTest);
40
41  % Calculate the classification accuracy of the predictions.
42  acc = sum(yPred == yTest)./numel(yTest);
43
44  disp('Random set')
45  disp(acc);
```

　　图 8.1 展示了深度学习系统使用一组统一数据进行学习。每一组的所有 5 个句子都作为输入，其中只有一个句子是正确的答案。学习系统很快发现，它只要把每个句子都分类为"错误"，就获得 80％的正确率。

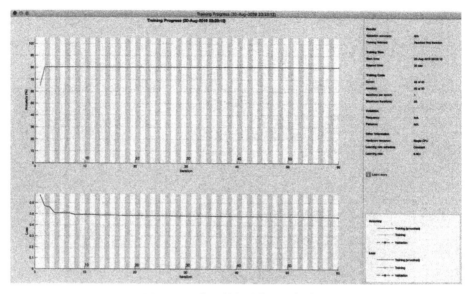

图 8.1　用统一的句子输入进行学习

　　图 8.2 展示了使用数据集中的一个随机集进行学习。句子是按照随机顺序从整个数据库中抽取的，这样训练的准确率可以达到 93％。如果多次运行（每次用于训练的随机集不同），将看到结果也各不相同。

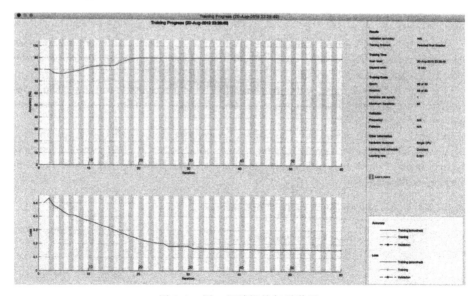

图 8.2　用一组随机的句子学习

　　图 8.3 展示了第二次运行时使用随机训练集的深度学习系统。用随机数据集训练网络,成功概率更低,但至少网络是在尝试寻找正确的句子(而不是直接全部判定为错误)。这种特殊的方法虽然非常简单,但它展示了用深度学习处理文本并最终理解书面语言的潜力。

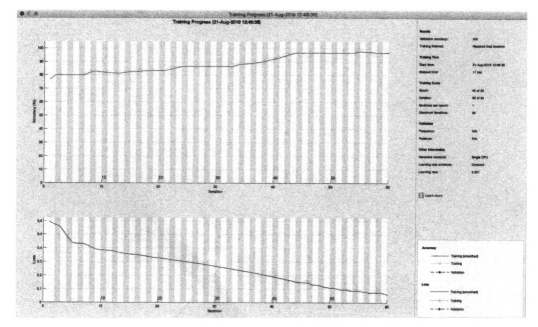

图 8.3　用另一组随机句子学习,用这个训练集达到 95% 的准确率

第 9 章

基于地形的导航

9.1 引言

在 GPS、Loran 和其他电子导航辅助设备广泛使用之前,飞行员使用来自地形的视觉线索进行导航,但现在人人都用 GPS 进行导航。我们想要回到基于地形导航的美好旧时光,需要设计一个能够匹配地形与数据库的系统,系统将使用数据库中的信息以确定其飞行位置。

9.2 对飞行器建模

9.2.1 问题

我们想要一个可以改变飞行方向的 3D 飞行器模型。

9.2.2 解决方案

写出 3D 飞行器的运动方程。

9.2.3 运行过程

质点在 3D 空间中的运动有 3 个自由度。因此,我们的飞机模型有 3 个空间自由度。速度矢量用一个和风有关的量(V)表示,它的有向分量分别表示了航向角(ψ)和飞行路线角(γ)。飞行位置是直接对速度进行积分得到的,用 $y =$ NORTH, $x =$ EAST, $h =$ VERTICAL(北向坐标,东向坐标,垂直坐标)三个量来表示。此外,我们把发动机推力建模为一个一阶系统,其中的时间常数可以改变,以近似不同飞行器的发动机响应时间。

图 9.1 展示了北-东-上(NORTH-EAST-UP)坐标系中的速度矢量。时间导数是在这

个坐标系中求出的。这不是一个纯惯性坐标系,因为它也在随地球自转而改变。但是,地球的自转速度与飞机的转向速度相比是非常小的,因此可以把地球自转速度忽略不计。

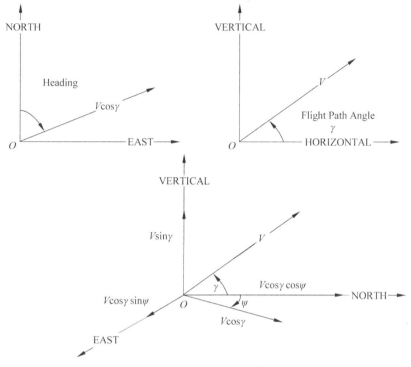

图 9.1　北-东-上坐标系中的速度

质点飞行器(把飞行器建模为一个简单质量点)的运动方程是

$$\dot{v} = (T\cos\alpha - D - mg\sin\gamma)/m - f_v \tag{9.1}$$

$$\dot{\gamma} = \frac{1}{mv}((L + T\sin\alpha)\cos\psi - mg\cos\gamma + f_\gamma) \tag{9.2}$$

$$\dot{\psi} = \frac{1}{mv\cos\gamma}((L + T\sin\alpha)\sin\psi - f_\psi) \tag{9.3}$$

$$\dot{x}_e = v\cos\gamma\sin\psi + W_x \tag{9.4}$$

$$\dot{y}_n = v\cos\gamma\cos\psi + W_y \tag{9.5}$$

$$\dot{h} = v\sin\gamma + W_h \tag{9.6}$$

$$\dot{m} = -\frac{T}{u_e} \tag{9.7}$$

其中,$\dot{v}$ 是真实飞行速度;T 是发动机推力;L 是升力;g 是重力加速度;γ 是和空气有关的飞行路线角;ψ 是和空气有关的航向角(从北向顺时针方向测量);φ 是转弯角度;x 和 y 分别表示东坐标轴和北坐标轴的位置;h 是飞行的海拔高度(飞机位置在垂直坐标轴上的分量）。飞机质量是固体质量和燃料质量的总和。$\{f_v, f_\gamma, f_\phi\}$ 表示由建模不确定性带来的其他力，$\{W_x, W_y, W_h\}$ 是风速在坐标系三个轴向的分量。如果垂直风速为零，那么 $\gamma = 0$，这会导致飞机水平飞行（垂直轴向没有位移）。α, φ, T 是控制量。图 9.2 展示了飞机主体纵向上的物理量。γ 是速度矢量和本地水平线之间的夹角。α 是迎角，介于的鼻翼线和速度矢量之间。机翼可以是定向的，或有可在零迎角下给予升力的翼型。阻力与速度方向相反，与升力方向垂直。升力必须平衡重力和任何向下的阻力分量，否则飞机就会下降。

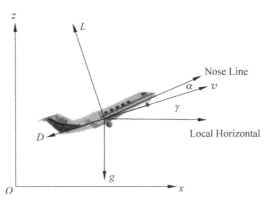

图 9.2 展示了升力、空气阻力和重力的飞行器模型

我们使用一个非常简单的空气动力学模型。升力系数定义为

$$c_L = c_{L_\alpha}\alpha \tag{9.8}$$

升力系数实际上是迎角的非线性函数。它有一个最大迎角限制，一旦超过这个最大迎角，飞机就会停止飞行，所有的升力都会丧失。对于平板，$c_{L_\alpha} = 2\pi$。阻力系数为

$$c_D = c_{D_0} + \frac{c_L^2}{\pi A_R \varepsilon} \tag{9.9}$$

其中，A_R 是长宽比；ε 是奥斯瓦尔德效率因子，通常为 0.8～0.95。效率因子表示升力与阻力的耦合效率，如果它小于1，则意味着产生了比理想情况更大的升力引发的阻力。长宽比是机翼跨度（从最靠近机身的点到机翼尖端）和翼弦（从机翼前方到后方的长度）的比值。

由飞机运动产生的动态压力是

$$q = \frac{1}{2}\rho v^2 \tag{9.10}$$

其中，v 为速度；ρ 为大气密度。如果把手从正在行驶的汽车的窗户伸出去，那么手感受到的压力就接近这个动态压力。升力和阻力分别是

$$L = q c_L s \tag{9.11}$$

$$D = q c_D s \tag{9.12}$$

其中，s 为湿区面积。湿区是飞机表面产生升力和阻力的区域。我们这里认为产生升力和

阻力的是同一片区域,但在真实的飞机中,飞机表面积的某些部分会产生阻力(比如机头),但不会产生任何升力。其实本质上说,我们假设同一区域既产生升力又产生阻力,相当于是在假设飞机全由机翼组成。

我们为模型创建了一个右侧函数(RHSPointMassAircraft),它会被数值积分函数调用,代码后一部分给出了动力学模型。

RHSPointMassAircraft.m

```
1
2  if( nargin < 1 )
3    xDot = DefaultDataStructure;
4    return
5  end
6
7  v          = x(1);
8  gamma      = x(2);
9  psi        = x(3);
10 h          = x(6);
11 cA         = cos(d.alpha);
12 sA         = sin(d.alpha);
13 cG         = cos(gamma);
14 sG         = sin(gamma);
15 cPsi       = cos(psi);
16 sPsi       = sin(psi);
17 cPhi       = cos(d.phi);
18 sPhi       = sin(d.phi);
19
20 mG         = d.m*d.g;
21 qS         = 0.5*d.s*Density( 0.001*h )*v^2;
22 cL         = d.cLAlpha*d.alpha;
23 cD         = d.cD0 + cL^2/(pi*d.aR*d.eps);
24 lift       = qS*cL;
25 drag       = qS*cD;
26 vDot       = (d.thrust*cA - drag - mG*sG)/d.m + d.f(1);
27 fN         = lift + d.thrust*sA;
28 gammaDot   = (fN*cPhi - mG*cG + d.f(2))/(d.m*v);
29 psiDot     = (fN*sPhi - d.f(3))/(d.m*v*cG);
30 xDot       = [vDot;gammaDot;psiDot;v*cG*sPsi;v*cG*cPsi;v*sG];
```

默认数据结构在子函数 DefaultDataStructure 中定义,数据结构中包括了常量参数和控制输入。

```
32
33 d = struct('cD0',0.01,'aR',2.67,'eps',0.95,'cLAlpha',2*pi,'s',64.52,...
34            'g',9.806,'alpha',0,'phi',0,'thrust',0,'m',19368.00,...
35            'f',zeros(3,1),'W',zeros(3,1));
```

我们对大气密度的指数做了一些修正:

```
37  function rho = Density( h )
38
39  rho = 1.225*exp(-0.0817*h^1.15);
```

我们想保持受力平衡,以保证飞机的飞行速度恒定,且飞机的飞行路线角不变。例如,在水平飞行中,飞机不能上升或下降。所以在水平飞行中,需要控制飞机,使速度保持恒定,且对于任何 ψ 都要使得飞行路线角 $\gamma = 0$。相关方程为

$$0 = T\cos\alpha - D \tag{9.13}$$

$$0 = (L + T\sin\alpha)\cos\psi - mg \tag{9.14}$$

我们需要在给定 ψ 的条件下,求解出合适的发动机推力 T 和迎角 α。

一个简单的方法是使用 fminsearch 函数,它调用 RHSPointMassAircraft 函数,并通过数值计算(对于一个给定的 ψ,则 h 和 v 的时间导数为零)找到控制量。下面的代码可以找到迎角和推力的平衡。RHS 函数被 fminsearch 函数调用,调用后返回一个标量,它是加速度(速度的时间导数)的二次方和飞行路径角导数的二次方之和。我们最初的猜测是一个能平衡阻力的发动机推力值,即使迎角的值为 0,也可以收敛于默认参数集 opt = optimset('fminsearch')。

EquilibriumControls.m

```
1   function d = EquilibriumControls( x, d )
2
3   if( nargin < 1 )
4     Demo
5     return
6   end
7
8   [~,~,drag]   = RHSPointMassAircraft( 0, x, d );
9   u0           = [drag;0];
10  opt          = optimset('fminsearch');
11  u            = fminsearch( @RHS, u0, opt, x, d );
12  d.thrust     = u(1);
13  d.alpha      = u(2);
14
15  %% EquilibriumControls>RHS
16  function c = RHS( u, x, d )
17
18  d.thrust   = u(1);
19  d.alpha    = u(2);
20  xDot       = RHSPointMassAircraft( 0, x, d );
21  c          = xDot(1)^2 + xDot(2)^2;
```

下面的演示以一个飞行速度为 250m/s,飞行海拔高度为 10km 的 Gulfstream 350 飞机(Gulfstream 是一个飞机制造公司)为例。

```
22  function Demo
23
24  d     = RHSPointMassAircraft;
25  d.phi = 0.4;
26  x     = [250;0;0.02;0;0;10000];
27  d     = EquilibriumControls( x, d );
28  r     = x(1)^2/(d.g*tan(d.phi));
29
30  fprintf('Thrust          %8.2f N\n',d.thrust);
31  fprintf('Altitude        %8.2f km\n',x(6)/1000);
32  fprintf('Angle of attack %8.2f deg\n',d.alpha*180/pi);
33  fprintf('Bank angle      %8.2f deg\n',d.phi*180/pi);
34  fprintf('Turn radius     %8.2f km\n',r/1000);
```

演示的结果如下,非常合理。

```
>> EquilibriumControls
Thrust          7614.63 N
Altitude          10.00 km
Angle of attack    2.41 deg
Bank angle        22.92 deg
Turn radius       15.08 km
```

有了这些值,飞机转弯就不再需要改变高度或航速。我们用 AircraftSim 脚本来对
Gulfstream 350 飞机进行仿真,第一部分运行平衡计算示例代码。

AircraftSim.m

```
1   %% Script to simulate a Gulfstream 350 in a banked turn
2
3   n   = 500;
4   dT  = 1;
5   rTD = 180/pi;
7
8   %% Start by finding the equilibrium controls
9   d     = RHSPointMassAircraft;
10  d.phi = 0.4;
11  x     = [250;0;0.02;0;0;10000];
12  d     = EquilibriumControls( x, d );
13  r     = x(1)^2/(d.g*tan(d.phi));
14
15  fprintf('Thrust          %8.2f N\n',d.thrust);
16  fprintf('Altitude        %8.2f km\n',x(6)/1000);
17  fprintf('Angle of attack %8.2f deg\n',d.alpha*180/pi);
18  fprintf('Bank angle      %8.2f deg\n',d.phi*180/pi);
19  fprintf('Turn radius     %8.2f km\n',r/1000);
```

下一部分执行仿真模拟。如果飞机高度小于 0(也就是说,它坠毁了),程序就会跳出循
环。我们调用一次 RHSPointMassAircraft 函数,以获得升力和阻力,便于绘图。然后
RHSPointMassAircraft 函数再被 RungeKutta 函数调用,以计算数值积分。@表示指向函

数的指针。

```
20  %% Simulation
21  xPlot = zeros(length(x)+5,n);
22
23  for k = 1:n
24
25    % Get lift and drag for plotting
26    [~,L,D]      = RHSPointMassAircraft( 0, x, d );
27
28    % Plot storage
29    xPlot(:,k)   = [x;L;D;d.alpha*rTD;d.thrust;d.phi*rTD];
30
31    % Integrate
32    x            = RungeKutta( @RHSPointMassAircraft, 0, x, dT, d );
33
34    % A crash
35    if( x(6) <= 0 )
36      break;
37    end
38  end
```

剩下的代码绘制了三个图形。第一张图是进行数值积分的状态量；第二张图绘制了控制量、升力和阻力；最后一张图展示了平面轨迹。我们做了单位转换，使得度数和公里数更清楚一些。

```
39  %% Plot the results
40  xPlot          = xPlot(:,1:k);
41  xPlot(2,:)     = xPlot(2,:)*rTD;
42  xPlot(4:6,:)   = xPlot(4:6,:)/1000;
43  yL             = {'v (m/s)' '\gamma (deg)' '\psi (deg)' 'x_e (km)'  'y_n
       (km)'...
44                    'h (km)' 'L (N)' 'D (N)' '\alpha (deg)' 'T (N)' '\phi
                        (deg)'};
45  [t,tL]         = TimeLabel(dT*(0:(k-1)));
46
47  PlotSet( t, xPlot(1:6,:), 'x label', tL, 'y label', yL(1:6),...
48    'figure title', 'Aircraft State' );
49  PlotSet( t, xPlot(7:11,:), 'x label', tL, 'y label', yL(7:11),...
50    'figure title', 'Aircraft Lift, Drag and Controls' );
```

如图9.4所示，转弯半径和预期的一样，为15km。阻力和升力保持不变。在实践中，我们会有一个速度和飞行轨迹角度控制系统来处理干扰或参数变化。为了达到深度学习示例的目标，我们只使用理想情况下的动力学（忽略扰动和参数变化）。图9.3展示了仿真的输出结果。

图9.4为我们的深度学习示例展示了一个很好的轨迹，读者还可以改变飞机的仿真参数以生成其他轨迹。

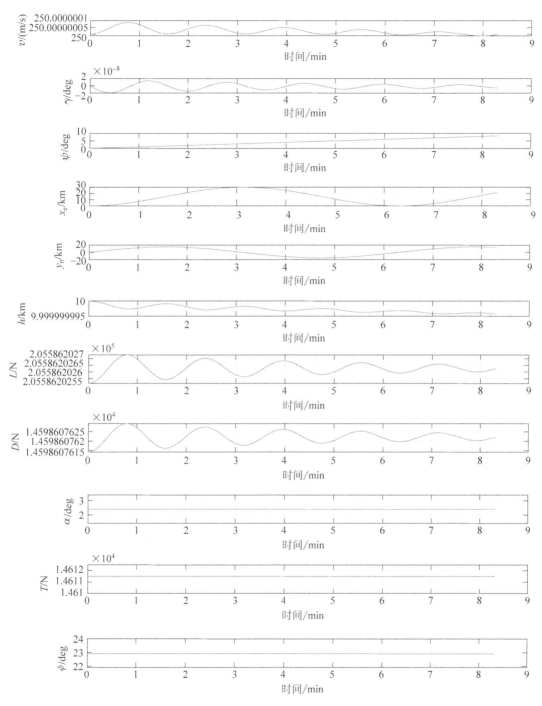

图 9.3　仿真输出结果图

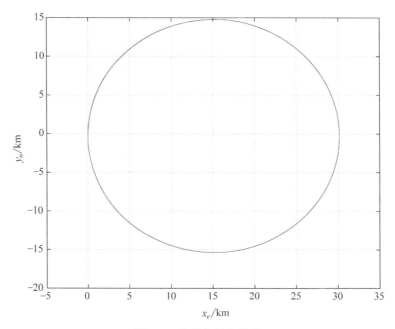

图 9.4　飞机航行轨道线

9.3　生成一个地形模型

9.3.1　问题

我们想用一组地形"贴片"来创建一个人工地形模型。"贴片"指一幅大图中的一部分地形，就像浴室的瓷砖组成了浴室墙壁一样。当然，现代化的玻璃纤维浴室就另当别论了。

9.3.2　解决方案

找到地形的"贴片"图像并将它们平铺在一起。地形贴片有很多来源，比如谷歌地球（GoogleEarth）。

9.3.3　运行过程

首先编译一个地形贴片数据库，把它们放在我们的 MATLAB 软件包的地形文件夹（terrain）中，图 9.5 展示了地形文件夹的一部分。这只是获得地形贴片的一种方法，还有很多可下载地形图片的在线资源，而且许多飞行器模拟游戏也有大量的地形库。文件夹的名称是纬度-经度（latitude longitude），例如，$-10-10$ 表示经度为 $-10°$，纬度为 $-10°$。我们的数据库只包含了纬度的 $\pm60°$ 范围。第一段代码创建了地形文件夹下的文件夹列表，关于这段代码很重要的一点是,脚本需要位于正确的目录中,因为我们没做任何花哨的目录搜索。

CreateTerrain.m

```
1  function CreateTerrain( lat, lon, scale )
2
3  % Demo
4  if( nargin < 1 )
5    Demo;
6    return
7  end
8
9  d          = dir('terrain');
10 latA       = zeros(1,468);
11 lonA       = zeros(1,468);
12 folderName = cell(1,468);
13 for k = 1:468
14   q               = d(k).name;
15   folderName{k}   = q;
16   if( q(2) == '0' )
17     latA(k) = str2double(q(1:2));
18     lonA(k) = str2double(q(3:end));
19   else
20     latA(k) = str2double(q(1:3));
21     lonA(k) = str2double(q(4:end));
22   end
23 end
```

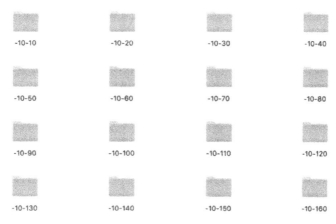

图 9.5 地形文件夹中的一部分

下一段代码块查找所需贴片的索引:

```
24 % Center lower left corner is start
25 latF    = floor(lat);
26 lonF    = floor(lon);
27 latI    = zeros(1,9);
28 lonI    = zeros(1,9);
```

```matlab
29  lon0  = lonF - 10;
30  latJK = latF - 10;
31  lonJK = lon0;
32  i     = 1;
33  for j = 1:3
34    for k = 1:3
35      lonI(i) = lonJK;
36      latI(i) = latJK;
37      lonJK   = lonJK + 10;
38      i       = i + 1;
39    end
40    lonJK = lon0;
41    latJK = latJK + 10;
42  end
43
44  fldr = zeros(1,9);
45  for k = 1:9
46    j       = find(latI(k)==latA);
47    i       = lonI(k)==lonA(j);
48    fldr(k) = j(i);
49  end
```

下面的代码根据纬度和经度创建文件名,我们创建了格式正确的字符串,这展示了创建字符串的一种方法。注意,我们使用%d占位符来创建整数,它会自动调整到正确的长度。另外,还需要检查正号和负号的正确性。

```matlab
50  % Generate the file names
51  imageSet = cell(1,9);
52  for k = 1:9
53    j = fldr(k);
54    if( latA(j) >= 0 )
55      if( lonA(j) >= 0 )
56        imageSet{k} = sprintf('grid10x10+%d+%d',latA(j)*100,lonA(j)*100);
57      else
58        imageSet{k} = sprintf('grid10x10+%d-%d',latA(j)*100,lonA(j)*100);
59      end
60    else
61      if( lonA(j) >= 0 )
62        imageSet{k} = sprintf('grid10x10-%d+%d',latA(j)*100,lonA(j)*100);
63      else
64        imageSet{k} = sprintf('grid10x10-%d-%d',latA(j)*100,lonA(j)*100);
65      end
66    end
67  end
```

下一段代码读入图像,并将图像上下颠倒和缩放。这些图像刚好上方朝南、下方朝北。我们首先切换目录到地形 terrain,然后使用命令 cd(切换目录,change directory)进入每个文件夹。命令 cd 将目录切换到原目录 terrain。

```
68    % Assuming we are one directory above
69    cd terrain
70
71    im      = cell(1,9);
72    for k = 1:9
73           j = fldr(k);
74      cd(folderName{j})
75           im{k} = ScaleImage(flipud(imread([imageSet{k},'.jpg'])),scale);
76      cd ..
77    end
```

下一段代码调用 image 函数，以在 3×3 的拼接地图的正确位置绘制每个图像。

```
78    del     = size(im{1},1);
79    1X      = 3*del;
80
81    % Draw the images
82    x       = 0;
83    y       = 0;
84    for k = 1:9
85      image('xdata',[x;x+del],'ydata',[y;y+del],'cdata', im{k} );
86      hold on
87      x = x + del;
88      if ( x == 1X )
89        x = 0;
90        y = y + del;
91      end
92    end
93    axis off
94    axis image
95
96    cd ..
```

子函数 ScaleImage 通过对像素（最小值为 1 像素）进行平均来缩放图像。最后，使用命令 cd 切换回原目录。

```
97    %% CreateTerrain>ScaleImage
98    function s2 = ScaleImage( s1, q )
99
100   n = 2^q;
101
102   [mR,~,mD] = size(s1);
103
104   m = mR/n;
105
106   s2 = zeros(m,m,mD,'uint8');
107
108   for i = 1:mD
109     for j = 1:m
110       r = (j-1)*n+1:j*n;
111       for k = 1:m
```

```
112         c         = (k-1)*n+1:k*n;
113         s2(j,k,i) = mean(mean(s1(r,c,i)));
114       end
115     end
116 end
```

示例选择了中东的一个纬度和经度位置,得到的结果是图 9.6 所示的 3×3 拼接图像。我们不会把这张图片用于神经网络,因为对于除了卫星之外的任何场合,它的分辨率都太低了。

```
117 %% CreateTerrain>Demo
118 function Demo
119
120 NewFigure('EarthSegment');
121 CreateTerrain( 30,60,1 )
```

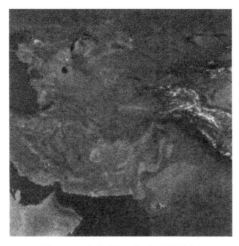

图 9.6　中东的一张地形拼接图

9.4　拼合地形

9.4.1　问题

我们想要得到一幅高分辨率的地形图。

9.4.2　解决方案

对地形代码进行特化处理,以生成一个适合商业无人机试验的高分辨率地形的一部分。

9.4.3 运行过程

上述的地形代码对轨道卫星很适用,但对无人机就不太适用了。按照美国联邦航空局(US Federal Aviation Administration,FAA)的规定,小型无人机的最高飞行高度为 400 英尺(1 英尺约 0.3048m),约 122m。低地球轨道(Low Earth Orbit,LEO)卫星的高度通常为 300~500km。因此,无人机通常比卫星离地面近 2500~4000 倍。我们将代码进行特殊化处理,以便于只读取四幅图像。它比 CreateTerrain 函数简单得多,但是灵活性也更低。如果想要更改它,就需要更改文件中的代码。

CreateTerrainClose.m

```matlab
1  function CreateTerrainClose
2
3  % Generate the file names
4  imageSet  = {'grid1x1+3400-11800','grid1x1+3400-11900',...
5               'grid1x1+3500-11800','grid1x1+3500-11900'};
6  p = [2 1 4 3];
7
8  % Assuming we are one directory above
9  cd terrainclose
10
11 im = cell(1,4);
12 for k = 1:4
13         im{k} = flipud(imread([imageSet{k},'.jpg']));
14 end
15
16 del = size(im{1},1);
17
18 % Draw the images
19 x     = 0;
20 y     = 0;
21 i     = 0;
22 for k = 1:2
23   for j = 1:2
24     i = i + 1;
25     image('xdata',[x;x+del],'ydata',[y;y+del],'cdata', im{p(i)} );
26     hold on
27     x = x + del;
28   end
29   x = 0;
30   y = y + del;
31 end
32 axis off
33 axis image
34
35 cd ..
```

我们不能缩放图像。运行函数:

```
>> NewFigure('EarthSegmentClose');
>> CreateTerrainClose
```

图 9.7 展示了地形,它由经度和纬度分别相隔 2°的 4 幅图像拼合而来。

图 9.7　拼合的地形图

9.5　建立相机模型

9.5.1　问题

为我们的深度学习系统建立一个摄像机模型,我们需要一个模拟无人机挂载相机功能的模型。最终,我们将使用这个相机模型作为基于地形的导航系统的一部分,并且我们将应用深度学习技术来进行地形导航。

9.5.2　解决方案

建模一个针孔相机和一个高空飞机,针孔相机是对真实光学系统的最低阶近似,然后我们会构建仿真并展示摄像机。

9.5.3　运行过程

我们已经在 9.2 节中创建了一个飞行器模拟模型,还需要添加的是地形模型和相机模型。图 9.8 展示了一个针孔相机,针孔相机具有无限的景深(视野深度),图像是直线的。点 $P(x,y,z)$ 通过下列关系被映射到成像平面:

$$u = \frac{fx}{h}$$

(9.15)

$$v = \frac{fy}{h} \qquad (9.16)$$

其中，u 和 v 是焦平面上的坐标；f 是焦距；h 是从针孔沿着焦平面法线轴到达焦平面的距离。假设坐标系 x，y，z 轴与相机的瞄准线/孔径对齐。成像芯片所看到的角度为

$$\theta = \arctan\left(\frac{w}{2f}\right) \qquad (9.17)$$

其中，f 为焦距，焦距越短，图像越大。针孔相机有无限景深，但对于远景成像问题不重要。针孔相机的视场仅受传感元件的限制，而真正的相机有镜头，且图像在整个成像阵列中并不完美，这是真正机器视觉系统需要解决的一个实际问题。

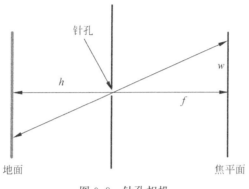

图 9.8 针孔相机

我们想让相机从图 9.7 的地形图像中看到 16×16 像素的图。我们假设飞行高度为 10km，其他具体尺寸见图 9.9。

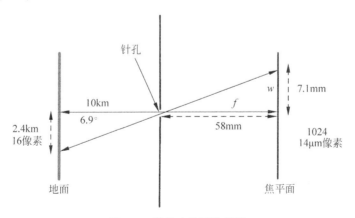

图 9.9 带尺寸的针孔相机

注意，其实我们并没有真正地模拟相机。相反，给定一个位置输入，我们的相机模型会生成 16×16 的像素映射，输出是一个包含 x 坐标、y 坐标和图像的数据结构。如果不给定位置输入，它将创建图像的拼合图。我们用图形转换器（Graphic Converter）应用程序缩放

了拼合图,使其刚好是如下的尺寸,然后再保存到 TerrainClose.jpg 文件中:

```
672    672        3
```

这三个数字分别表示 x 像素、y 像素以及图像的三层,即红色、绿色和蓝色,第三个索引表示红、蓝、绿矩阵。也就是说,拼合图是一个 3D 矩阵,是典型的彩色图。

代码如下。我们把所有数值转换成像素,通过代码$[\sim,\sim,i] = $ getimage(h)得到图像和图像的一部分。

代码的第一部分为用户提供默认值:

TerrainCamera.m

```matlab
1   function d = TerrainCamera( r, h, nBits, w, nP )
2
3   % Demo
4   if( nargin < 1 )
5     Demo;
6     return
7   end
8
9   if( nargin < 3 )
10    nBits = [];
11  end
12
13  if( nargin < 4 )
14    w = [];
15  end
16
17  if( nargin < 5 )
18    nP = 64;
19  end
20
21  if( isempty(w) )
22    w = 4000;
23  end
24
25  if( isempty(nBits) )
26    nBits = 16;
27  end
```

下一部分计算像素:

TerrainCamera.m

```matlab
1   dW = w/nP;
2
3   k   = floor(r(1)/dW) + nP/4 + 1;
4   j   = floor((w/2-r(2))/dW) - nP/4 + 1;
5
6   kR = k:(k-1 + nBits);
7   kJ = j:(j-1 + nBits);
```

剩余部分显示图像：

TerrainCamera.m

```
1  [~,~,i] = getimage(h);
2
3  d.p      = i(kR,kJ,:);
4  d.r      = r(1:2);
5
6  if( nargout < 1 )
```

示例先绘制源图像，然后绘制相机模型图像，如图 9.10 所示。

```
7      axis off
8      axis image
9      clear p
10  end
11
12  %% CreateTerrain>Demo
13  function Demo
14
15  h = NewFigure('Earth Segment');
16  i = imread('TerrainClose64.jpg');
17  image(i);
18  grid
19
20  NewFigure('Terrain Camera');
21  x = linspace(0,10,20);
```

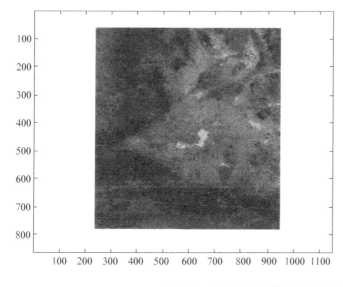

图 9.10　地形图源图像和相机视图

因为像素太少,所以相机的地形图像很模糊。

9.6　在地形图上绘制航迹

9.6.1　问题

我们想在图像上画出飞行轨迹。

9.6.2　解决方案

创建一个函数来绘制图像,并在图像上绘制飞行轨迹。

9.6.3　运行过程

写一个函数,它读入一幅图像,并在上面画出轨迹。我们使用 image 函数来缩放图像。我们设置了 x 维度的像素值,缩放 y 维度的像素值以匹配。

PlotXYTrajectory.m

```
1  %% PLOTXYTRAJECTORY Draw an xy trajectory over an image
2  % Can plot multiple sets of data. Type PlotXYTrajectory for a demo.
3  %% Input
4  % x        (:,:) X coordinates (m)
5  % y        (:,:) Y coordinates (m)
6  % i        (n,m) Image
7  % w        (1,1) x dimension of the image
8  % xScale   (1,1) Scale of x dimension
9  % name     (1,:) Figure name
10
11 function PlotXYTrajectory( x, y, i, xScale, name )
12
13 if( nargin < 1 )
14   Demo
15   return
16 end
17
18 s   = size(i);
19 xI  = [-xScale xScale];
20 yI  = [-xScale xScale]*s(2)/s(1);
21
22 NewFigure(name);
23 image(xI,yI,flipud(i));
24 hold on
25 n = size(x,1);
26 for k = 1:n
27   plot(x(k,:),y(k,:),'linewidth',2)
28 end
29 set(gca,'xlim',xI,'ylim',yI);
```

```
30  grid on
31  axis image
32  xlabel('x (m)')
33  ylabel('y (m)')
```

如图 9.11 所示,示例在地形图上画了一个圆圈。

```
36  %% PlotXYTrajectory>Demo
37  function Demo
38
39  i = imread('TerrainClose.jpg');
40  a = linspace(0,2*pi);
41  x = [30*cos(a);35*cos(a)];
42  y = [30*sin(a);35*sin(a)];
43  PlotXYTrajectory( x, y, i, 111, 'Trajectory' )
```

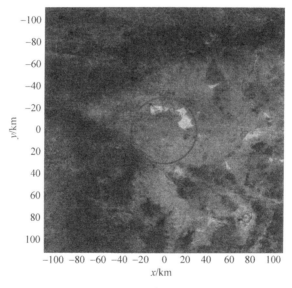

图 9.11　航迹图

虽然深度学习系统会分析图像中的所有像素,但观察每幅图像中每一种颜色(红,蓝,绿)的像素均值如何变化是很有趣的,如图 9.12 所示。x 轴是图像编号,以常数 y 为单位。可以看出,即使很靠近的两幅图像,在像素均值上也有相当大的变化。这表明每幅图像中有足够的信息使得我们的深度学习系统找到位置。它还表明,仅仅使用平均值来识别位置也是可能的。请记住,每幅图像与前一幅图像仅相差 16 像素。

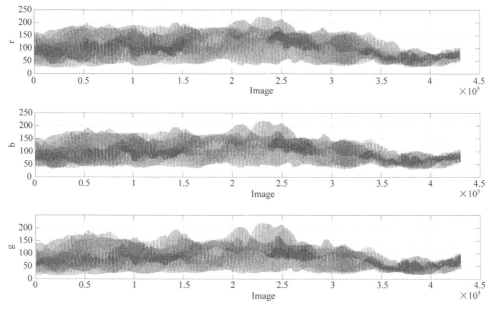

图 9.12　图像红、绿、蓝三种通道的像素均值

9.7　创建测试图片

9.7.1　问题

我们想为地形模型创建测试图像。

9.7.2　解决方案

我们构建一个脚本，以读取 64×64 的图像，并创建训练图像。

9.7.3　运行过程

首先，创建 64 位版本的地形，可以使用任何图像处理应用程序。我们已经在之前做好了这件事，并将 64 位地形保存为 TerrainClose64.jpg。下面的脚本读入图像并通过一次替换一个像素的索引来生成训练图像。我们把生成的训练图像保存在 TerrainImages 文件夹中。同时创建了标签，每张图像的标签都不同。对于每个地形贴片图，我们创建了 nN 张带有噪声的副本，这样标签相同的就会有 nN 张图像。我们用下列代码来给图像加入噪声：

```
uint8(floor(sig*rand(nBits,nBits,3)))
```

因为噪声必须和图像一样，都为 uint8 格式，如果不转换为 uint8 就会出错。读者也可以选择不同的步长,即移动图像超过1像素。第一部分的代码设置图像处理的参数。我们选用16位图像是因为(经过下一步的训练之后)每幅图像中都有足够的信息以进行分类。我们尝试过8位图像,但结果没有收敛(说明8位图像没有足够的信息用于神经网络学习特征以进行分类)。

CreateTerrainImages.m

```
1   im    = flipud(imread('TerrainClose64.jpg')); % Read in the image
2   wIm   = 4000; % m
3   nBits = 16;
4   dN    = 1; % The delta bits is 2
5   nBM1  = nBits-1;
6   [n,m] = size(im); % Size of the image
7   nI    = (n-nBits)/dN + 1; % The number of images down one side
8   nN    = 10;      % How many copies of each image we want
9   sig   = 3;       % Set to > 0 to add noise to the images
10  dW    = wIm/64; % Delta position for each image (m)
11  x0    = -wIm/2+(nBits/2)*dW;   % Starting location in the upper left
        corner
12  y0    =  wIm/2-(nBits/2)*dW;   % Starting location in the upper left
        corner
```

这一行非常重要,它确保了名称对应不同的图像,我们为了训练目的,会复制每幅图像:

CreateTerrainImages.m

```
1   % Make an image serial number so they remain in order in the
        imageDatastore
2   kAdd = 10^ceil(log10(nI*nI*nN));
```

我们在这里做一些目录操作:

CreateTerrainImages.m

```
1   % Set up the directory
2   if ~exist('TerrainImages','dir')
3     warning('Are you in the right folder? No TerrainImages')
4     [success,msg] = mkdir('./','TerrainImages')
5   end
6   cd TerrainImages
7   delete *.jpg % Starting from scratch so delete existing images
```

图像分割在此代码中完成,如果需要,我们会添加噪声。

CreateTerrainImages.m

```
1   i   = 1;
2   l   = 1;
3   t   = zeros(1,nI*nI*nN); % The label for each image
4   x   = x0; % Initial location
5   y   = y0; % Initial location
6   r   = zeros(2,nI*nI); % The x and y coordinates of each image
7   id  = zeros(1,nI*nI);
8   iR  = 1;
9   rgbs = [];
10  for k = 1:nI
```

```
11    disp(k)
12    kR = dN*(k-1)+1:dN*(k-1) + nBits;
13    for j = 1:nI
14      kJ = dN*(j-1)+1:dN*(j-1) + nBits;
15      thisImg = im(kR,kJ,:);
16      rgbs(end+1,:) = [mean(mean(thisImg(:,:,1))) mean(mean(thisImg
                (:,:,2))) mean(mean(thisImg(:,:,3)))];
17      for p = 1:nN
18        s         = im(kR,kJ,:) + uint8(floor(sig*rand(nBits,nBits,3)));
19        q         = s>256;
20        s(q)      = 256;
21        q         = s <0;
22        s(q)      = 0;
23        imwrite(s,sprintf('TerrainImage%d.jpg',i+kAdd));
24        t(i)      = l;
25        i         = i + 1;
26      end
27      r(:,iR)   = [x;y];
28      id(iR)    = iR;
29      iR = iR + 1;
30      l = l + 1;
31      y = y - dW;
32    end
33    x = x + dW;
34    y = y0;
35  end
```

图 9.13 展示了这些图像的位置确实覆盖了这一片区域。我们还验证了每张图像 R、G、B 像素的和都是不同的,这表明有足够的信息用于机器学习算法的学习。

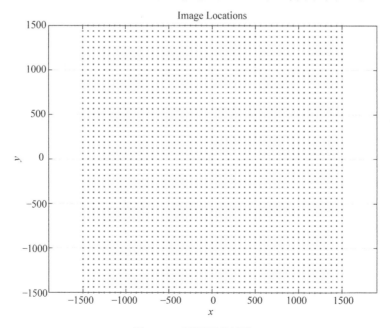

图 9.13　图像覆盖区域

9.8　训练和测试

9.8.1　问题

我们将创建一个卷积神经网络，并测试其性能。我们训练卷积神经网络，把每幅图像与一个 x、y 位置关联起来。

9.8.2　解决方案

卷积神经网络被广泛应用于图像识别。我们用脚本 TerrainNeuralNet.m 创建并测试一个卷积神经网络：在之前创建的图像上训练卷积神经网络，让它返回 x 和 y 坐标。

9.8.3　运行过程

这个例子与第 3 章中的例子相似。不同之处在于，每幅图像都属于一个单独的类别。这就像人脸识别，每个类别都对应一个不同的人。

TerrainNeuralNet.m

```
1  %% Script implementing the terrain neural net
2  % You must have created the images in TerrainImages with
       CreateTerrainImages
3  % before running this script.
4
5  %% Get the images
6  cd TerrainImages
7  label = load('Label');
8  cd ..
9
10 t          = categorical(label.t);
11 nClasses   = max(label.t);
12 imds       = imageDatastore('TerrainImages','labels',t);
13 labelCount = countEachLabel(imds);
14
15 % Display a few snapshots
16 NewFigure('Terrain Snapshots');
17 n = 4;
18 m = 5;
19 ks = sort(randi(length(label.t),1,n*m)); % random selection
20 for i = 1:n*m
21         subplot(n,m,i);
22         imshow(imds.Files{ks(i)});
23    title(sprintf('Image %d: %d',ks(i),label.t(ks(i))))
24 end
25
26 % We need the size of the images for the input layer
27 img = readimage(imds,1);
```

```
28
29   % Split into training and testing sets
30   fracTraining = 0.8;
31   [imdsTrain,imdsTest] = splitEachLabel(imds,fracTraining,'randomized');
32
33   %% Training
34   % This gives the structure of the convolutional neural net
35   layers = [
36       imageInputLayer(size(img))
37
38       convolution2dLayer(3,8,'Padding','same')
39       batchNormalizationLayer
40       reluLayer
41
42       maxPooling2dLayer(2,'Stride',2)
43
44       convolution2dLayer(3,32,'Padding','same')
45       batchNormalizationLayer
46       reluLayer
47
48       maxPooling2dLayer(2,'Stride',2)
49
50       fullyConnectedLayer(nClasses)
51       softmaxLayer
52       classificationLayer
53           ];
54   disp(layers)
55
56   options = trainingOptions('sgdm', ...
57       'InitialLearnRate',0.01, ...
58       'MaxEpochs',6, ...
59       'MiniBatchSize',100,...
60       'ValidationData',imdsTest, ...
61       'ValidationFrequency',10, ...
62       'ValidationPatience',inf,...
63       'Shuffle','every-epoch', ...
64       'Verbose',false, ...
65       'Plots','training-progress');
66   disp(options)
67   fprintf('Fraction for training %8.2f%%\n',fracTraining*100);
69
70   terrainNet = trainNetwork(imdsTrain,layers,options);
71
72    %% Test the neural net
73   predLabels  = classify(terrainNet,imdsTest);
74   testLabels  = imdsTest.Labels;
75
76   accuracy = sum(predLabels == testLabels)/numel(testLabels);
77   fprintf('Accuracy is %8.2f%%\n',accuracy*100)
78
79   save('TerrainNet','terrainNet')
```

我们用一个图像层来读入每张图像,读入后用滤波器对图像进行卷积,滤波器的权值在学习过程中确定。我们对输出进行了归一化处理,然后再通过 reLu 激活函数。池化操作压缩数据,补零操作把输出图像的尺寸设置为和输入图像一样。正如卷积神经网络的每一层的打印输出所展示的那样,不需要补零操作,因为图像的尺寸相同。第一层有 8 个 3×3 像素的滤波器,第二层有 32 个 3×3 像素的滤波器,最后一组网络层用于对图像进行分类。如上一节所述,每个图像都有一个与其位置相关联的唯一"类别"。我们使用恒定的学习速率,且 mini-batch 的大小小于默认值。

图 9.14 展示了一部分地形图像。图 9.15 展示了训练窗口,在训练 7 个 epoch 之后网络就能够分类图像了。两个相邻图像之间的区别只用 16 个像素来表达,数据并不算很多,但神经网络仍然能够以 100％ 的准确率对每张图像进行分类。

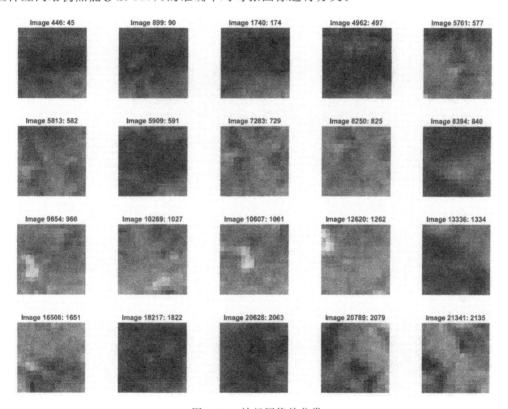

图 9.14 神经网络的分类

在图 9.15 中的每个 epoch 中,网络会处理所有的训练数据。

```
>> TerrainNeuralNet
   12x1 Layer array with layers:

     1   ''   Image Input           16x16x3 images with 'zerocenter'
          normalization
     2   ''   Convolution           8 3x3 convolutions with stride [1
          1] and padding 'same'
```

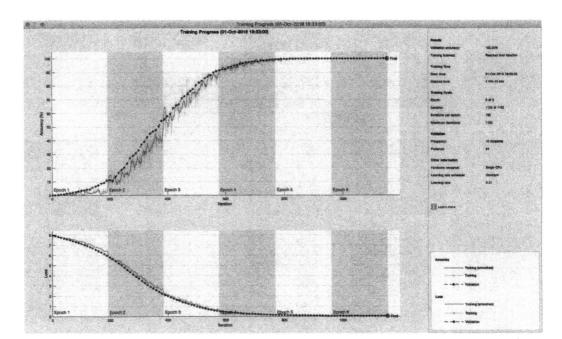

图 9.15   训练窗口

```
3    ''    Batch Normalization    Batch normalization
4    ''    ReLU                   ReLU
5    ''    Max Pooling            2x2 max pooling with stride [2  2]
     and padding [0  0  0  0]
6    ''    Convolution            32 3x3 convolutions with stride [1
     1] and padding 'same'
7    ''    Batch Normalization    Batch normalization
8    ''    ReLU                   ReLU
9    ''    Max Pooling            2x2 max pooling with stride [2  2]
     and padding [0  0  0  0]
10   ''    Fully Connected        2401 fully connected layer
11   ''    Softmax                softmax
12   ''    Classification Output  crossentropyex
TrainingOptionsSGDM with properties:

                  Momentum: 0.9000
           InitialLearnRate: 0.0100
   LearnRateScheduleSettings: x[11 struct]
           L2Regularization: 1.0000e-04
      GradientThresholdMethod: 'l2norm'
            GradientThreshold: Inf
                 MaxEpochs: 6
              MiniBatchSize: 100
                   Verbose: 0
            VerboseFrequency: 50
```

```
          ValidationData: x[11 matlab.io.datastore.ImageDatastore]
     ValidationFrequency: 10
      ValidationPatience: Inf
                 Shuffle: 'every-epoch'
          CheckpointPath: ''
    ExecutionEnvironment: 'auto'
              WorkerLoad: []
               OutputFcn: []
                   Plots: 'training-progress'
          SequenceLength: 'longest'
   SequencePaddingValue: 0
    DispatchInBackground: 0
 Fraction for training    80.00%
 Accuracy is   100.00%
```

我们取得了 100% 的准确率。读者还可以尝试更改网络的层数,或尝试不同的激活函数。

9.9 仿真

9.9.1 问题

我们想用我们的地形模型来测试深度学习算法。

9.9.2 解决方案

使用训练过的神经网络建立了一个仿真。

9.9.3 运行过程

重新模拟 9.8 节中的仿真,但删除了一些不必要的输出,把重点放在神经网络上。首先,读入已训练好的卷积神经网络:

AircraftNNSim.m

```
1  %% Load the neural net
```

神经网络对相机捕获的图像进行分类。我们把类别转换为 int32 类型的整数。Subplot 函数显示神经网络识别为匹配相机图像的图像和相机图像本身。如果飞行器的高度 x(6) 小于 1,则程序跳出仿真循环。

```
34  %% Start by finding the equilibrium controls
35  d       = RHSPointMassAircraft;
36  v       = 120;
37  d.phi = atan(v^2/(r*d.g));
38  x       = [v;0;0;-r;0;10000];
```

```
39  d        = EquilibriumControls( x, d );
40
41  %% Simulation
42  xPlot = zeros(length(x)+3,n);
43
44  % Put the image in a figure so that we can read it
45  h = NewFigure('Earth Segment');
46  i = imread('TerrainClose64.jpg');
47  image(i);
48  axis image
49
50  NewFigure('Camera');
51
52  for k = 1:n
53
54    % Get the image for the neural net
55    im          = TerrainCamera( x(4:5), h, nBits );
56
57    % Run the neural net
58    l           = classify(nN.terrainNet,im.p);
59
60    % Plot storage
61    i           = int32(l);
62    xPlot(:,k)  = [x;rI.r(:,i);i];
63
64    % Integrate
65    x           = RungeKutta( @RHSPointMassAircraft, 0, x, dT, d );
66
67    % A crash
68    if( x(6) <= 0 )
69      break;
70    end
71  end
72
73  %% Plot the results
74  xPlot         = xPlot(:,1:k);
75  xPlot(2,:)    = xPlot(2,:)*rTD;
76  xPlot(4:6,:)  = xPlot(4:6,:);
77  yL            = {'v (m/s)' '\gamma (deg)' '\psi (deg)' 'x (m)'  'y (m)'
        ...
78                  'h (m)' 'x_c (m)', 'y_c (m)' };
```

图 9.16 展示了轨迹和相机视图,我们模拟的航迹是一个完整的圆。

基于神经网络定位而识别出的地形贴片和飞机飞行路径如图 9.17 所示。神经网络对它看到的地形进行分类(即定位,给出整数标签,实际相当于给出 x 和 y 的位置坐标),读出每幅图像的位置,然后用于绘制轨迹。

图 9.18 展示了一个圆形路径的二维轨迹。我们确保每幅图像都与前一幅图像相差一个像素的距离。在地形图的角落里,相机将停留在这张地形图上,直到飞机飞到别的位置,该图像从神经网络中退出。在地形图的边缘有一个图像边界,边缘地区的分辨率很低。图像中的轨迹与实际轨迹相当接近,如果想要更好的结果,那么需要地形图有更高的分辨率。

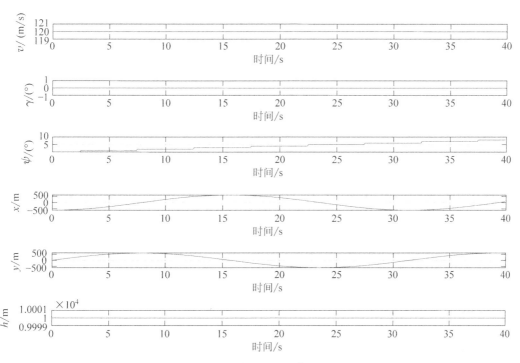

图 9.16 相机视图和航迹

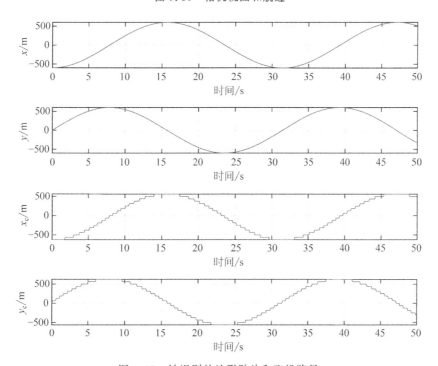

图 9.17 被识别的地形贴片和飞机路径

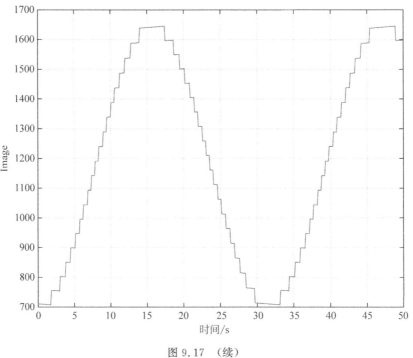

图 9.17 （续）

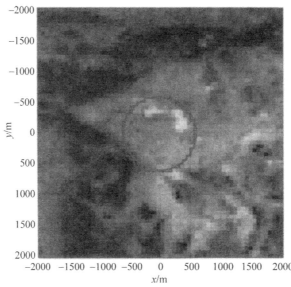

图 9.18 被识别的地形贴片和飞行器路径

在实践中，被神经网络识别测量到的位置信息会被输入到建模飞行器动力学的卡尔曼滤波器[30]中，飞行器动力学已经在本章 9.3 节中给出，输入到卡尔曼滤波器可以平滑轨迹，提高精度。

　　本章展示了神经网络如何用于飞行器导航的地形识别。为了简化问题,我们假设飞行高度恒定不变,并使用图像方向固定的针孔相机模型,忽略了云层以及其他干扰。我们使用卷积神经网络来训练神经网络,效果良好。如前所述,更高分辨率的图像和卡尔曼滤波可以生成更平滑的轨迹。

第 10 章

股 票 预 测

10.1 引言

股票预测算法的目的是推荐一个能使投资者效益最大化的股票投资组合。当投资者资金有限时,则想通过创建一个投资组合使得投资回报最大化。本章利用神经网络,根据股票的历史记录来预测股票的行为,然后选择未来表现有所了解的股票投资组合。股市模型是基于"几何布朗运动"(Geometric Brownian Motion)的,我们可以通过统计分析来挑选股票。本章将展示一个不具备任何模型知识的神经网络在股票建模方面也能做得很好。

10.2 生成一个股票市场

10.2.1 问题

我们想生成一个可以复现真实股票交易状况的人工股票市场。

10.2.2 解决方案

实现几何布朗运动,这是由诺贝尔奖获得者保罗·萨缪尔森(Paul Samuelson)发明的[25]。

10.2.3 运行过程

保罗·萨缪尔森[10]基于几何布朗运动创建了一个股票模型。这种方法会产生实际数字,并且数字不会变为负数,这实际是在对数空间中的随机游走。随机微分方程为

$$dS(t) = rS\,dt + \sigma S\,dW(t)$$

(10.1)

其中, S 是股票价格; $W(t)$ 是一个布朗的随机游走过程; t 是时间, dt 是时间微分; r 是漂移; σ 是波动率,两者的范围都为 $0\sim1$ 。把上式写为微分方程形式:

$$\frac{\mathrm{d}S}{\mathrm{d}t} = \left(r + \sigma\frac{\mathrm{d}W(t)}{\mathrm{d}t}\right)S \tag{10.2}$$

解是

$$S(t) = S(0)\mathrm{e}^{\left[\left(r-\frac{1}{2}\sigma^2\right)t + \sigma W(t)\right]} \tag{10.3}$$

下面展示了用于生成股票趋势的代码。cunsum 函数用于对随机游走的随机数求和。利用由 randn 函数生成的高斯分布或正态分布来创建随机数,该函数可以创建多个股票。

StockPrice.m

```
1   function [s, t] = StockPrice( s0, r, sigma, tEnd, nInt )
2
3   if( nargin < 1 )
4     Demo
5     return
6   end
7
8   delta   = tEnd/nInt;
9   sDelta  = sqrt(delta);
10  t       = linspace(0,tEnd,nInt+1);
11  m       = length(s0);
12  w       = [zeros(m,1) cumsum(sDelta.*randn(m,nInt))];
13  s       = zeros(1,nInt+1);
14  f       = r - 0.5*sigma.^2;
15  for k = 1:m
16    s(k,:) = s0(k)*exp(f(k)*t + sigma(k)*w(k,:));
17  end
```

该演示(Demo)基于 Wilshire 5000 统计数据,它是美国所有股票的指数。运行它将得到不同的值,因为输入是随机的。

```
18  %% StockPrice>Demo
19  function Demo
20
21  tEnd  = 5.75;
22  n     = 1448;
23  s0    = 8242.38;
24  r     = 0.1682262;
25  sigma = 0.1722922;
26  StockPrice( s0, r, sigma, tEnd, n );
```

运行结果如图 10.1 所示。它们看起来像是真的股票。当改变其漂移或波动性将改变整体的形状。例如,设置波动性 $\sigma=0$,则得到非常漂亮的股票曲线,如图 10.2 所示。增加 r 则使股票增长更快。这给出了我们想要的一般规则,即高 r 和低 σ ,可参见图 10.3。

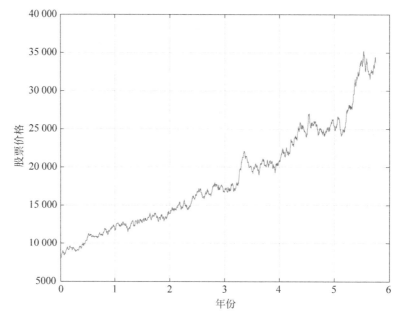

图 10.1　基于 Wilshire 5000 的统计数据的随机股票

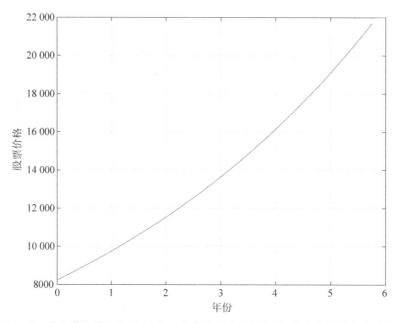

图 10.2　波动率为零的股票(这是一支值得拥有的好股票,虽然指数基金也不错)

　　该模型基于两个系数。通过拟合股票价格曲线以及通过计算 r 和 σ ,则可创建一个选股算法。然而,我们想看看深度学习的效果如何。注意,这是一个预测股票价格的简

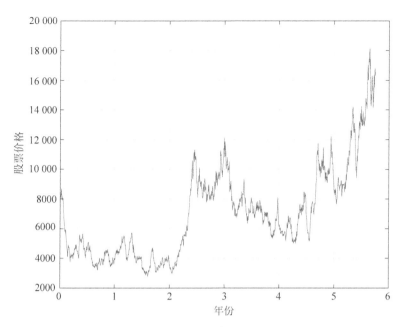

图 10.3 股票价格高低漂移或波动且 $r-\dfrac{1}{2}\sigma^2<1$(本例中,$r=0.1$ 和 $\sigma=0.6$)

单模型。σ 和 r 也可能是时间的函数,或是随机变量。当然,也有其他的股票模型。这里的思想是,深度学习可创建它自己的内部模型,而无须被告知观察数据中的潜在模型。

脚本 PlotStock.m 用来绘制股票价格。注意,我们格式化了 y 刻度标签,以摆脱 MATLAB 通常采用的指数格式。gca 返回当前轴句柄。

PlotStock.m

```
1  function PlotStock(t,s,symb)
2
3  if( nargin < 1 )
4    Demo;
5    return;
6  end
7
8  m = size(s,1);
9
10 PlotSet(t,s,'x label','Year','y label','Stock Price','figure title',...
11     'Stocks','Plot Set',{1:m},'legend',{symb});
12
13 % Format the ticks
14 yT  = get(gca,'YTick');
15 yTL = cell(1,length(yT));
16 for k = 1:length(yT)
17        yTL{k} = sprintf('%5.0f',yT(k));
18 end
19 set(gca,'YTickLabel', yTL)
```

PlotStock 的内置演示与 StockPrice 中的一样。

```
20  function Demo
21
22  tEnd  = 5.75;       % years
23  nInt  = 1448;       % intervals
24  s0    = 8242.38;    % initial price
25  r     = 0.1682262;  % drift
26  sigma = 0.1722922;
27  [s,t] = StockPrice( s0, r, sigma, tEnd, nInt );
28  PlotStock(t,s,{})
```

10.3 创建一个股票市场

10.3.1 问题

我们想建立一个股票市场。

10.3.2 解决方案

使用股票价格函数创建 100 只具有随机选择参数的股票。

10.3.3 运行过程

编写一个函数,随机选取股票的起始价格、波动率和漂移,并随机创建三个字母的股票名称。我们使股票价格服从半正态分布,生成随机市场。漂移限制在 0~0.5,以产生更多(针对小型市场)下跌的股票。

StockMarket.m

```
1   function d = StockMarket(nStocks, s0Mean, s0Sigma, tEnd, nInt)
2
3   if( nargin < 1 )
4     Demo
5     return
6   end
7
8   d.s0    = abs(s0Mean + s0Sigma*randn(1,nStocks));
9   d.r     = 0.5*rand(1,nStocks);
10  d.sigma = rand(1,nStocks);
11  s       = 'A':'Z';
12  for k = 1:nStocks
13    j           = randi(26,1,3);
14    d.symb(k,:) = s(j);
15  end
```

以下代码将所有股票绘制在一个图中。我们创建一个图例,并令 y 标签为整数(使用 PlotStock)。

```matlab
16   % Output
17   if( nargout < 1 )
18     s = StockPrice( d.s0, d.r, d.sigma, tEnd, nInt );
19     t     = linspace(0,tEnd,nInt+1);
20     PlotStock(t,s,d.symb);
21     clear d
22   end
```

演示结果如下:

```matlab
23   %% StockPrice>Demo
24   function Demo
25
26   nStocks = 15;    % number of stocks
27   s0Mean  = 8000;  % Mean stock price
28   s0Sigma = 3000;  % Standard  dev of price
29   tEnd    = 5.75;  % years duration for market
30   nInt    = 1448;  % number of intervals
31   StockMarket( nStocks, s0Mean, s0Sigma, tEnd, nInt );
```

图 10.4 显示了两次运行结果。图 10.5 显示了一个拥有 100 只股票的股票市场。

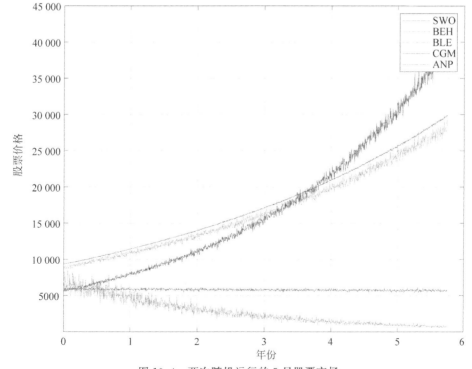

图 10.4　两次随机运行的 5 只股票市场

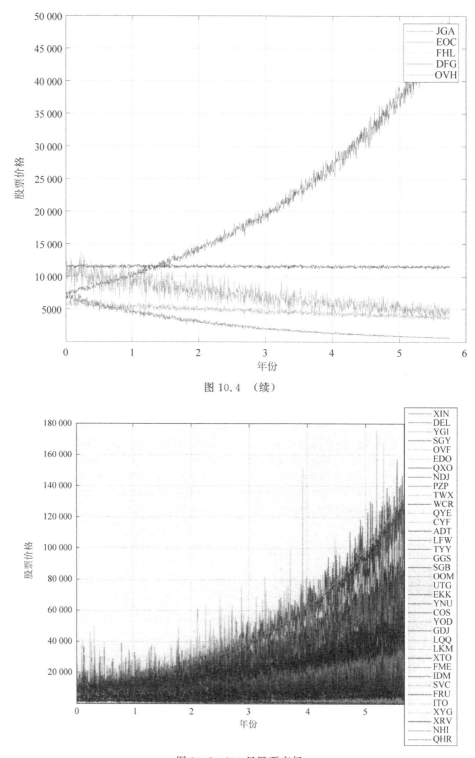

图 10.4 （续）

图 10.5 100 只股票市场

10.4　训练和测试

10.4.1　问题

我们想建立一个深度学习系统来预测股票的表现。这可应用于早期建立的股票市场，来预测股票投资组合的表现。

10.4.2　解决方案

股票的历史值是一个时间序列。我们将使用长短期记忆(LSTM)网络根据过去的数据来预测股票的未来表现。这里利用了深度学习工具箱的 lSTMLayer，将时间序列的一部分用来测试结果。但过去的表现并不一定能够预示未来的结果，因此所有的投资都有一定的风险。我们希望读者在做出任何投资决定之前，先咨询认证的理财计划师。

10.4.3　运行过程

LSTMLayer 学习时间序列中时间步骤之间的长期依赖关系。它会自动把过去的数据的权重减小。在许多应用中，LSTM 已经取代了循环神经网络(RNN)。

脚本 StockMarketNeuralNet 实现了神经网络。第一部分代码创建具有单个股票的市场。我们将随机数生成器设置为其默认值 rng('default')，以便每次运行脚本时得到相同的结果。如果删除这一行，每次都会得到不同的结果。神经网络训练数据为时间序列，时间序列平移一个时间步长。

StockMarketNeuralNet.m

```
1  %% Script using LSTM to predict stock prices
2  %% See also:
3  % lstmLayer, sequenceInputLayer, fullyConnectedLayer, regressionLayer,
4  % trainingOptions, trainNetwork, predictAndUpdateState
5
6  % Rest the random number generator so we always get the same case
7  rng('default')
8
9  layerSet = 'two lstm'; % 'lstm' 'bilstm' and 'two lstm' are available
10
11 %% Generate the stock market example
12 n     = 1448;
13 tEnd  = 5.75;
14 d     = StockMarket( 1, 8000, 3000, tEnd, n );
15 s     = StockPrice( d.s0, d.r, d.sigma, tEnd, n );
16 t     = linspace(0,tEnd,n+1);
17
18 PlotStock(t,s,d.symb);
```

股票价格如图 10.6 所示。我们将输出分为训练和测试数据。使用测试数据进行验证。

StockMarketNeuralNet.m

```
20  %% Divide into training and testing data
21  n           = length(s);
22  nTrain      = floor(0.8*n);
23  sTrain      = s(1:nTrain);
24  sTest       = s(nTrain+1:n);
25  sVal        = sTest;
26
27  % Normalize the training data
28  mu          = mean(sTrain);
29  sigma       = std(sTrain);
30
31  sTrainNorm  = (sTrain-mu)/sigma; % normalize the data to zero mean
32
33  % Normalize the test data
34  sTestNorm   = (sTest - mu) / sigma;
35  sTest       = sTestNorm(1:end-1);
```

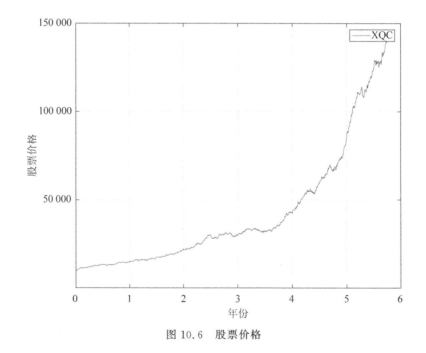

图 10.6 股票价格

下一部分代码将训练网络。我们使用"Adam"方法[17]。Adam 是用于随机目标函数的一阶的基于梯度的优化方法。该算法计算效率很高,可以很好地解决带有噪声或稀疏梯度的问题,更多细节参见参考文献。这里我们利用一个包括 LSTM 层的四层网络。

```
37   %% Train the neural net
38
39   % We are training the LSTM using the previous step
40   xTrain      = sTrainNorm(1:end-1);
41   yTrain      = sTrainNorm(2:end);
42
43   % Validation data
44   muVal       = mean(sVal); % Must normalize over just this data
45   sigmaVal        = std(sVal);
46   sValNorm    = (sVal-muVal)/sigmaVal;
47
48   xVal        = sValNorm(1:end-1);
49   yVal        = sValNorm(2:end);
50
51   numFeatures     = 1;
52   numResponses    = 1;
53   numHiddenUnits  = 200;
54
55   switch layerSet
56     case 'lstm'
57       layers = [sequenceInputLayer(numFeatures)
58                 lstmLayer(numHiddenUnits)
59                 fullyConnectedLayer(numResponses)
60                 regressionLayer];
61     case 'bilstm'
62       layers = [sequenceInputLayer(numFeatures)
63                 bilstmLayer(numHiddenUnits)
64                 fullyConnectedLayer(numResponses)
65                 regressionLayer];
66     case 'two lstm'
67       layers = [sequenceInputLayer(numFeatures)
68                 lstmLayer(numHiddenUnits)
69                 reluLayer
70                 lstmLayer(numHiddenUnits)
71                 fullyConnectedLayer(numResponses)
72                 regressionLayer];
73     otherwise
74       error('Only 3 sets of layers are available');
75   end
76
77   analyzeNetwork(layers);
78
79   options = trainingOptions('adam', ...
80       'MaxEpochs',300, ...
81       'GradientThreshold',1, ...
82       'InitialLearnRate',0.005, ...
83       'LearnRateSchedule','piecewise', ...
84       'LearnRateDropPeriod',125, ...
85       'LearnRateDropFactor',0.2, ...
86       'Shuffle','every-epoch', ...
87       'ValidationData',{xVal,yVal}, ...
```

```
88      'ValidationFrequency',5, ...
89      'Verbose',0, ...
90      'Plots','training-progress');
91
92  net = trainNetwork(xTrain,yTrain,layers,options);
```

神经网络由四层组成：

```
layers = [sequenceInputLayer(numFeatures)
          lstmLayer(numHiddenUnits)
          fullyConnectedLayer(numResponses)
          regressionLayer];
```

这是最少的层数了。层的结构如图 10.7 所示。对于这样一个简单的结构来说，分析网络并不是太有趣。如果有几十个或几百个层，分析起来会更有趣。我们还提供了一个选项，可以尝试一个 BiLSTM 层和两个 LSTM 层。

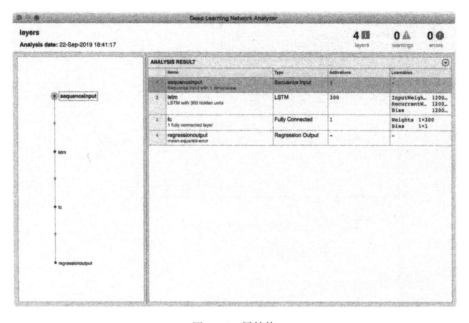

图 10.7　层结构

（1）sequenceInputLayer(inputSize)定义了一个序列输入层。inputSize 是每个时间步长输入序列的大小。在我们的问题中，序列是时间序列中的最后一个值，所以 inputSize 是 1。读者还可以有更长的序列。

（2）lstmLayer(numHiddenUnits)创建一个长短期记忆层。numHiddenUnits 是层中隐藏单位的数量。隐藏单位的数量就是该层中神经元的数量。

（3）fullyConnectedLayer 创建一个具有指定输出大小的全连接层。

（4）regressionLayer(回归层)为神经网络创建一个回归输出层。回归是数据拟合。

学习率从 0.005 开始。每 125 个 epoch 使用以下选项分段减少 0.2 倍：

```
'InitialLearnRate',0.005, ...
'LearnRateSchedule','piecewise', ...
'LearnRateDropPeriod',125, ...
'LearnRateDropFactor',0.2, ...
```

我们将"patience"设为 inf。这意味着即使没有任何进展，学习也将继续到最后一个 epoch。训练窗口如图 10.8 所示。顶部的图显示了根据数据计算出的均方根误差（RMSE），底部的图显示了损失。我们还使用测试数据进行验证。请注意，验证数据需要使用其自身的平均值和标准偏差进行标准化。最后一部分代码使用 predictAndUpdateState 测试网络，需对绘图的输出进行去标准化。

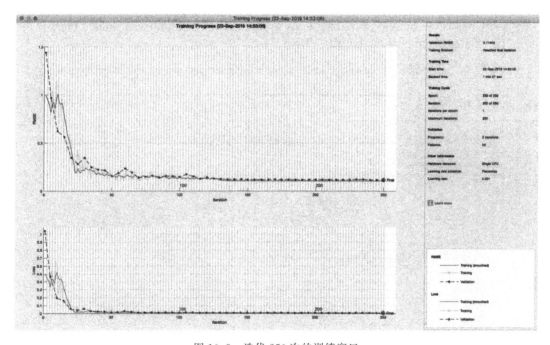

图 10.8　迭代 250 次的训练窗口

```
94    %% Demonstrate the neural net
95    yPred      = predict(net,sTest);
96    yPred(1)   = yTrain(end-1);
97    yPred(2)   = yTrain(end);
98    yPred      = sigma*yPred + mu;
99
100   %% Plot the prediction
101   NewFigure('Stock prediction')
102   plot(t(1:nTrain-1),sTrain(1:end-1));
103   hold on
104   plot(t,s,'--g');
```

```
105   grid on
106   hold on
107   k = nTrain+1:n;
108   plot(t(k),[s(nTrain) yPred],'-')
109   xlabel("Year")
110   ylabel("Stock Price")
111   title("Forecast")
112   legend(["Observed" "True" "Forecast"])
113
114   % Format the ticks
115   yT  = get(gca,'YTick');
116   yTL = cell(1,length(yT));
```

比较图 10.9 和图 10.6。红色的曲线是预测值。这个预测再现了股票的走势,它可以让读者知道它将来大概会是什么走向。神经网络虽然不能准确预测股票的历史,但可以重建预期的整体表现。

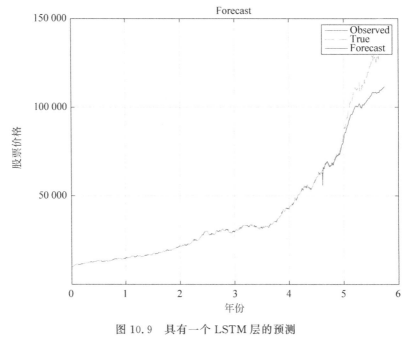

图 10.9　具有一个 LSTM 层的预测

BiLSTM 层和两个 LSTM 层的结果如图 10.10 所示,全部都创建出了可接受的模型。

本章演示了 LSTM 可以生成一个内部模型,该模型仅从流程的观察中复制系统的行为。本例中,我们有一个模型,但在许多系统中,模型并不存在,或者其形式具有相当大的不确定性。因此,神经网络在处理动态系统时是一个强大的工具。但我们还没有在真正的股票上尝试过。请不要用这个模型来预测实际中的股票表现。

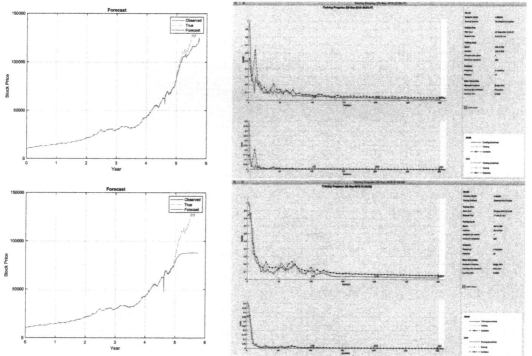

图 10.10　上面的是 BiLSTM 层集,下面的是两个 LSTM 层集

第 11 章

图 像 分 类

11.1 引言

图像分类可以通过预先训练好的网络来实现,而利用 MATLAB 则可方便地访问和使用这些网络,本章将展示两个预训练网络示例。

11.2 使用预训练网络

11.2.1 问题

我们想用一个已经经过预训练的网络来进行图像识别,我们将先使用 AlexNet,然后使用 GoogLeNet。

11.2.2 解决方案

从 MATLAB 的附加资源浏览器中安装 AlexNet 和 GoogLeNet,加载一些图像并进行测试。由于这两个网络都是用于分类的网络,因此我们通过调用 classify 函数来运行它们。

11.2.3 运行过程

首先,需要用附加资源浏览器来下载支持包。如果在没有安装 AlexNet 或 GoogLeNet 的情况下运行它们,则附加资源浏览器会返回一个直接链接到该软件包的链接。下载支持包的过程中,需要用到用户的 MathWorks 密码。

AlexNet 是一个预先训练好的卷积神经网络(CNN),预训练使用的数据是 ImageNet 数据集(http://image-net.org/index)中的大约 120 万张图像。该模型有 23 层,可以将图像分为 1000 个类别，它可以用于各种物体的识别。但是，如果一种物体没有出现在训练数据中，则 AlexNet 将无法识别出这类物体。

AlexNetTest.m

```
1  %% Load the network
2  % Access the trained model. This is a SeriesNetwork.
3  net = alexnet;
4  net
5
6  % See details of the architecture
7  net.Layers
```

该网络所有层的信息如下：

```
>> AlexNetTest

ans =

  25x1 Layer array with layers:

     1   'data'     Image Input                    227x227x3 images with 'zerocenter' normalization
     2   'conv1'    Convolution                    96 11x11x3 convolutions with stride [4  4] and padding [0
             0  0  0]
     3   'relu1'    ReLU                           ReLU
     4   'norm1'    Cross Channel Normalization    cross channel normalization with 5 channels per element
     5   'pool1'    Max Pooling                    3x3 max pooling with stride [2  2] and padding [0  0  0  0]
     6   'conv2'    Grouped Convolution            2 groups of 128 5x5x48 convolutions with stride [1  1] and
             padding [2  2  2  2]
     7   'relu2'    ReLU                           ReLU
     8   'norm2'    Cross Channel Normalization    cross channel normalization with 5 channels per element
     9   'pool2'    Max Pooling                    3x3 max pooling with stride [2  2] and padding [0  0  0  0]
    10   'conv3'    Convolution                    384 3x3x256 convolutions with stride [1  1] and padding [1
             1  1  1]
    11   'relu3'    ReLU                           ReLU
    12   'conv4'    Grouped Convolution            2 groups of 192 3x3x192 convolutions with stride [1  1] and
             padding [1  1  1  1]
    13   'relu4'    ReLU                           ReLU
    14   'conv5'    Grouped Convolution            2 groups of 128 3x3x192 convolutions with stride [1  1] and
             padding [1  1  1  1]
    15   'relu5'    ReLU                           ReLU
    16   'pool5'    Max Pooling                    3x3 max pooling with stride [2  2] and padding [0  0  0  0]
    17   'fc6'      Fully Connected                4096 fully connected layer
    18   'relu6'    ReLU                           ReLU
    19   'drop6'    Dropout                        50% dropout
    20   'fc7'      Fully Connected                4096 fully connected layer
    21   'relu7'    ReLU                           ReLU
    22   'drop7'    Dropout                        50% dropout
    23   'fc8'      Fully Connected                1000 fully connected layer
    24   'prob'     Softmax                        softmax
    25   'output'   Classification Output          crossentropyex with 'tench' and 999 other classes
```

该卷积网络有许多层。ReLU 和 softmax 是激活函数。第一层中使用了"零中心"归一化，即图像（的像素）被归一化到均值为零，标准差为 1。新的两层是跨通道归一化和分组卷积。滤波器组（也称为分组卷积）是在 2012 年与 AlexNet 一起引入的概念，可将每个滤波器的输出视为一个通道，而将一组滤波器的输出视为一组通道。滤波器组允许跨 GPU 进行更高效的并行化，并提高了性能。跨通道归一化将多个通道的数据一起归一化，而不是只归一化一个通道内的数据。我们在第 3 章讨论过卷积，训练网络期间，每个滤波器的权重可被确定下来。Dropout 层是一种在训练权重时随机忽略节点的层，它防止了节点之间的相互依赖性。

在第一个例子中，我们加载 MATLAB 自带的一组辣椒图像，使用这些辣椒图像的左上角(以保证输入图像尺寸与网络一致)作为网络的输入。注意,每个预训练网络的输入图像尺寸都是固定的,可以通过网络第一层神经元的尺寸来确定。

AlexNetTest.m

```
1  %%% Load a test image and classify it
2  % Read the image to classify
3  I = imread('peppers.png');  % ships with MATLAB
4
5  % Adjust size of the image to the net's input layer
6  sz = net.Layers(1).InputSize;
7  I = I(1:sz(1),1:sz(2),1:sz(3));
8
9  % Classify the image using AlexNet
10 [label, scorePeppers] = classify(net, I);
11
12 % Show the image and the classification results
13 NewFigure('Pepper'); ax = gca;
14 imshow(I);
15 title(ax,label);
16
17 PlotSet(1:length(scorePeppers),scorePeppers,'x label','Category',...
18         'y label','Score','plot title','Peppers');
```

AlexNet 示例的图像和结果如图 11.1 所示,辣椒类别得分的分布非常紧密。

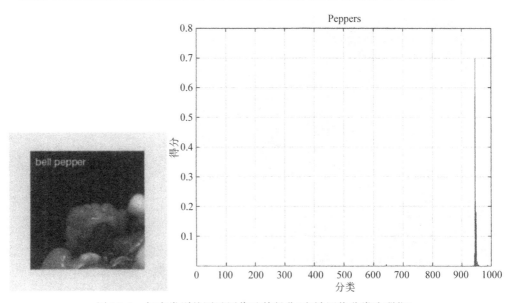

图 11.1　标有类别的测试图像及其得分(它被网络分类为甜椒)

为了有趣,以及更深入地了解这个网络,我们打印出了分数较高的几个类别,并从高到低排序,其中类别信息存储在网络最后一层的 Classes 变量中。

AlexNetTest.m

```
19   % What other categories are similar?
20   disp('Categories with highest scores for Peppers:')
21   kPos = find(scorePeppers>0.01);
22   [vals,kSort] = sort(scorePeppers(kPos),'descend');
23   for k = 1:length(kSort)
24       fprintf('%13s:\t%g\n',net.Layers(end).Classes(kPos(kSort(k))),vals(k)
         );
25   end
```

结果显示,网络考虑了所有的水果和蔬菜。Granny Smith 绿苹果的得分排在第二,然后是黄瓜,而无花果和柠檬的得分要低得多。这是合理的,因为绿苹果和黄瓜通常是绿色的。

```
Categories with highest scores for Peppers:

  bell pepper:   0.700013
Granny Smith:   0.180637
    cucumber:   0.0435253
         fig:   0.0144056
       lemon:   0.0100655
```

我们自己也有两张测试图像。一张是一只猫,另一张是一个金属盒子,如图 11.2 所示。

图 11.2　原始测试图像 Cat.png 和 Box.jpg

猫的图片的得分如下:

```
Categories with highest scores for Cat:
         tabby:   0.805644
  Egyptian cat:   0.15372
     tiger cat:   0.0338047
```

事实证明,金属盒图片构成了对网络的极大挑战。得分大于 0.05 的类别如下,带有类别标签的猫和硬盘的图像如图 11.3 所示。

```
Categories with highest scores for Box:
   hard disc:   0.291533
       loupe:   0.0731844
       modem:   0.0702888
        pick:   0.0610284
        iPod:   0.0595867
   CD player:   0.0508571
```

图 11.3　测试图像和 AlexNet 的分类结果(这两张图被分类为"虎斑猫"和"硬盘")

本例中,硬盘类别得到了最高分,但是这个分数比虎斑猫类别在猫测试图像中得到的分数要低得多——大约是 0.3∶0.8。三个测试图像的最高得分类别的得分汇总如下:

```
AlexNet results summary:

Pepper      0.7000
Cat         0.8056
Box         0.2915
```

现在,我们将 AlexNet 的这些结果与 GoogLeNet 的结果进行比较。GoogLeNet 是一个在 ImageNet 数据库的子集上进行过预训练的模型,它曾被用于参加 ImageNet 大规模视觉识别挑战赛(ILSVRC)。该模型在超过 100 万张图像上训练,一共有 144 层(比 AlexNet 大得多),可以将图像分类为 1000 个类别。首先,我们像之前一样加载这个预训练网络:

GoogleNetTest.m

```
1  %% Load the pretrained network
2  net = googlenet;
3  net  % display the 144 layer network
```

该网络的属性如下,与 AlexNet 不同,它是一种 DAGNetwork(有向图网络):

```
net =
DAGNetwork with properties:

        Layers: [144x1 nnet.cnn.layer.Layer]
   Connections: [170x2 table]
```

接下来,用辣椒图像对 GoogleNet 进行测试:

GoogleNetTest.m

```
 6   %% The pepper
 7   % Read the image to classify
 8   I = imread('peppers.png');
 9   sz = net.Layers(1).InputSize;
10   I = I(1:sz(1),1:sz(2),1:sz(3));
11   [label, scorePeppers] = classify(net, I);
12   NewFigure('Pepper');
13   imshow(I);
14   title(label);
15   % What other categories are similar?
16   disp('Categories with highest scores for Peppers:')
17   kPos = find(scorePeppers>0.01);
18   [vals,kSort] = sort(scorePeppers(kPos),'descend');
19   for k = 1:length(kSort)
20     fprintf('%13s:\t%g\n',net.Layers(end).Classes(kPos(kSort(k))),vals(k)
           );
21   end
```

与之前一样,该图像被正确识别为甜椒,并且得分与 AlexNet 中相似。然而,其余几个次高得分的类别和 AlexNet 不太相同。本例中,黄瓜(由于某种原因)和沙锤的得分要高于 Granny Smith 绿苹果,沙锤也是圆形或椭圆形的。得分最高的几个类别如下:

```
Categories with highest scores for Peppers:
    bell pepper:  0.708213
       cucumber:  0.0955994
         maraca:  0.0503938
  Granny Smith:  0.0278589
```

我们也用猫和金属盒子的图像测试了 GoogleNet,该网络的输入图像大小为 224×224。识别猫的最高得分类别和 AlexNet 相同(都是虎斑猫、埃及猫、老虎猫),只是增加了一个山猫类别。此外,注意虎斑猫在 GoogleNet 中的得分明显低于 AlexNet 中的得分。

```
Categories with highest scores for Cat:
          tabby:  0.532261
    Egyptian cat:  0.373229
      tiger cat:  0.0790764
           lynx:  0.0135277
```

盒子图片的分数最有趣:本例中,虽然硬盘类别在分数最高的几个类别之中,但网络判定的类别却是 iPod,且移动电话类别也被添加了进来。网络清楚地知道图中物体是一个矩形金属物体,但是除此之外,没有任何明确证据可以证明一个类别比另一个类别更可能是真实类别。

```
Categories with highest scores for Box:
              iPod:  0.443666
          hard disc:  0.212672
  cellular telephone:  0.0787301
             modem:  0.0766429
              pick:  0.0545631
            switch:  0.0169888
             scale:  0.0165957
    remote control:  0.0154203
```

　　猫和金属盒子图片的 GoogLeNet 得分数组如图 11.4 所示,盒子的分数明显分布在整个类别空间,这更加说明,"iPod"这个判定结果比胡椒图片或猫图片的判定结果的确定性小。这个例子说明,如果输入数据和测试集偏差太大,即使训练有素的网络也不一定可靠。

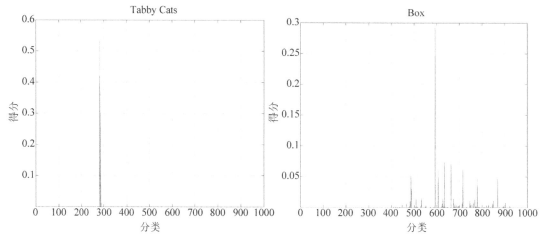

图 11.4　猫图片（左）和金属盒子图片（右）在 GoogLeNet 中,1000 个物体类别的得分

```
The summary of the GoogleNet results are:

GoogleNet results summary:

Pepper        0.7082
Cat           0.5323
Box           0.4437
```

　　我们也可以从互联网上随机抓取图像。网站 https://picsum.photos 自称为照片界的"Lorem Ipsum"(意思是胡乱的、随机的文字),每次其 URL 被调用(进入该网站),它都提供一张随机图片,图 11.5 中展示了四个示例。

图 11.5　火山、湖岸、海岸和喷泉

　　使用该网站,我们得到了一些有趣的结果,如图 11.5 所示。对于某些风景照片,该网站提供的图片质量很好,但有些图片中看不清目标物体。

这两个网络都没有用人像训练过，但是，在人像上测试可能会很有趣。我们用图 11.6
中的作者头像测试了 GoogLeNet。在这两张图片中，它都能相当准确地识别出衣服所属的
类别。

毛线衫　　　　　　　　西装

图 11.6　带有 GoogLeNet 网络判定的类别标签的作者头像

例如：

```
>> I = imread('https://picsum.photos/224/224');
>> figure, imshow(I);
>> title(classify(net,I))
```

虽然 AlexNet 和 GoogLeNet 在存在于其数据库中的图像（如狮子、风景等）上的性能非
常好，但很重要的是，记住它们在实际应用中会受到限制，实际应用中的分类结果可能是出
乎意料的，甚至是愚蠢的。

第 12 章

轨 道 测 定

12.1 引言

通过测量来确定轨道已有几百年的历史。一般的方法是从地面对物体进行一系列的测量,得到一组在不同时间的角度。当给定地球上的位置以及这组数据,则可重建轨道。理想轨道是圆锥曲线,它假定地球引力是地球中心的一点的作用,那些停留在地球附近的轨道则是椭圆。这些轨道可以定义为一组轨道元素。本章中,我们假设所有的轨道都在地球的赤道平面上,且观测者处于地球中心的位置。我们将设计一个神经网络来找出其中两个元素的值。该模型将比天文学家必须使用的模型更简单。

本章目的是说明神经网络可以进行轨道确定。关于与传统方法的比较,用户可参考Escobal[11]1965 年的经典教材。

12.2 生成轨道

12.2.1 问题

我们想要创建一组用于测试和训练神经网络的轨道(元素)。

12.2.2 解决方案

使用元素的开普勒传播实现一个随机轨道生成器。

12.2.3 运行过程

一个轨道至少包括两个天体,例如一颗行星和一艘宇宙飞船。在理想的二体情况下,两个物体围绕着共同的质心旋转,即众所周知的重心。对于所有实际的航天器情况,航天器本身的质量是可以忽略不计的,这意味着卫星围绕主体质心遵循圆锥曲线路径运行。圆锥曲线是一条与圆锥重合的曲线,如图 12.1 所示。绘制两个圆锥曲线,分别是一个圆和一个椭圆。双曲线和抛物线也是圆锥曲线,但本章只讨论椭圆轨道。

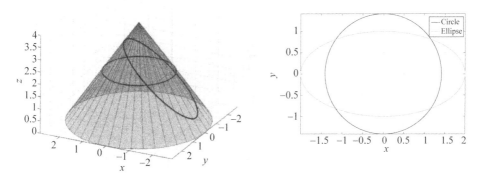

图 12.1　圆锥体上沿法线观察的椭圆和圆

绘制上述图片的脚本代码如下,需调用 Cone 以及 ConicSectionEllipse 函数。此外,绘制圆锥仅需参数 r_0 和 h 即可。该算法只关心 θ,即圆锥半角。

ConicSection.m

```matlab
1   theta    = pi/4;
2   h        = 4;
3   r0       = h*sin(theta);
4
5   ang      = linspace(0,2*pi);
6   a        = 2;
7   b        = 1;
8   cA       = cos(ang);
9   sA       = sin(ang);
10  n        = length(cA);
11  c        = 0.5*h*sin(theta)*[cA;sA;ones(1,n)];
12  e        = [a*cA;b*sA;zeros(1,n)];
13
14  % Show a planar representation
15  NewFigure('Orbits');
16  plot(c(1,:),c(2,:),'b')
17  hold on
18  plot(e(1,:),e(2,:),'g')
19  grid
20  xlabel('x')
21  ylabel('y')
22  axis image
23  legend('Circle','Ellipse');
24
25  [z,phi,x]    = ConicSectionEllipse(a,b,theta);
26  ang          = pi/2 + phi;
```

```
27  e               = [cos(ang) 0 sin(ang);0 1 0; -sin(ang) 0 cos(ang)]*e;
28  e(1,:)          = e(1,:) + x;
29  e(3,:)          = e(3,:) + h - z;
30
31  Cone(r0,h,40);
32  hold on
33  plot3(c(1,:),c(2,:),2*ones(1,n),'r','linewidth',2);
34  plot3(e(1,:),e(2,:),e(3,:),'b','linewidth',2);
35  line([x x],[-b b],[h-z h-z],'color','g','linewidth',2);
36  view([0 1 0])
```

视图被设置为沿 y 轴方向(即椭圆的旋转轴)看。Cone 函数绘制圆锥,line 函数绘制沿短轴的旋转轴。

本章的最后一节推导了用于绘制圆锥曲线的解。轨道可以是椭圆的,其偏心率小于 1;而抛物线的偏心率等于 1;也可以是双曲线的,其偏心率大于 1。图 12.2 显示了椭圆形轨道的几何结构,这是一个平面轨道,其轨道运动是二维的。半长轴 a 是

$$a = \frac{r_a + r_p}{2} \tag{12.1}$$

其中,r_a 为远拱点(对地球而言的远地点,或距行星引力中心最远的点)半径;r_p 为近拱点半径(对地球而言的近地点,或距行星最近的点)。轨道的偏心率 e 为

$$e = \frac{r_a - r_p}{r_a + r_p} \tag{12.2}$$

当 $r_a = r_p$ 时,轨道为圆形,$e=0$。此公式对抛物线或双曲线轨道没有意义。图 12.2 显示了三个角度测量值:M 为平均近点角(或简称为平近点角),E 为偏近点角(离心角),V 为真近点角,这三个值都是从近拱点测量的。平均近点角与平均轨道率 n 通过下面这个简单的时间函数相关。

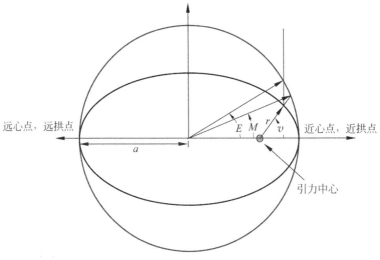

图 12.2 椭圆轨道

$$M = M_0 + n(t - t_0) \tag{12.3}$$

偏近点角是轨道上天体所在的位置投影到垂直于椭圆半长轴的外接圆上的角度,用蓝色绘制,它通过开普勒方程和平均近点角相关。

$$M = E - e\sin E \tag{12.4}$$

方程(12.4)一般需要用数值解法求解,但是对于较小的 e 值($e < 0.1$),可以使用下面的近似计算来替代数值解法:

$$E \approx M + e\sin M + \frac{1}{2}e^2\sin 2M \tag{12.5}$$

这是因为远拱点对于很小的 e 不易定义,且也能找到高阶的近似公式。真近点角与偏近点角通过下列公式相关联:

$$\tan\frac{\nu}{2} = \sqrt{\frac{1+e}{1-e}}\tan\frac{E}{2} \tag{12.6}$$

最后,轨道半径为

$$r = \frac{a(1-e)(1+e)}{1+e\cos\nu} \tag{12.7}$$

如果式(12.7)中的 $e > 1$,则 r 将变为 ∞,正如抛物线或双曲线轨道那样。

定义围绕着球对称形天体的航天器轨道需要 7 个参数。其中一个是重力参数,通常用符号 μ 来表示:

$$\mu = G(m_1 + m_2) \tag{12.8}$$

其中,m_1 是质量中心体(轨道围绕着的球对称形天体),m_2 是轨道体(飞行器)的质量。G 是引力常数,单位为 $\mathrm{m^3/(kg \cdot s^2)}$。对于地球而言,$G = 6.6774 \times 10^{-11}$。地球的 $u = 3.986\,004\,36 \times 10^8\,\mathrm{m^3/s^2}$。其余 6 个元素有很多表示方法。最常用的两种表示方法是位置-速度(r 和 v)矢量和开普勒轨道元素,每种表示方法使用 6 个独立变量来描述轨道,然后再加上重力参数 u,图 12.3 展示了这两种表示方法。

开普勒元素的定义如下。首先,两个元素定义椭圆轨道:半长轴 a 决定轨道的大小,它是近地点半径和远地点半径的平均值;偏心率 e 决定轨道的大小和形状。然后,两个元素定义轨道平面:Ω 是经度,即升轨点(或升交点)的赤经,或从参考坐标系的 $+X$ 轴到轨道平面与 xy 平面相交的直线的角度。i 是轨道倾角,是 xy 平面和轨道平面之间的夹角。ω 是近地点的参数,是轨道平面上升交点线和近地点(在这里最接近中心体的中心)之间的角度。V 是真近点角,是近地点和航天器之间的夹角。可以在第一种表示方法中(位置-速度矢量法)用平近点角 M 代替 V。M 或 V 告诉我们航天器在轨道上的具体位置。

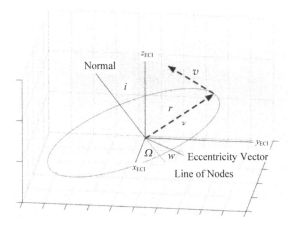

图 12.3 轨道参数(元素,使用 DrawEllipticOrbit 函数绘制)

总的来说,开普勒元素是

$$x = \begin{bmatrix} a \\ i \\ \Omega \\ \omega \\ e \\ M \end{bmatrix} \tag{12.9}$$

以秒为单位的轨道周期为

$$P = 2\pi \sqrt{\frac{a^3}{\mu}} \tag{12.10}$$

以距离(通常为 km)为单位的轨道参数为

$$p = a(1-e)(1+e) \tag{12.11}$$

轨道平面内的位置和速度为

$$r_p = \frac{p}{1+e\cos\nu} \begin{bmatrix} \cos\nu \\ \sin\nu \\ 0 \end{bmatrix} \tag{12.12}$$

$$v_p = \sqrt{\frac{\mu}{p}} \begin{bmatrix} -\sin\nu \\ e+\cos\nu \\ 0 \end{bmatrix} \tag{12.13}$$

从平面坐标到 3D 坐标的转换矩阵为

$$c = \begin{bmatrix} \cos\Omega\cos\omega - \sin\Omega\sin\omega\cos i & -\cos\Omega\sin\omega - \sin\Omega\cos\omega\cos i & \sin\Omega\sin i \\ \sin\Omega\cos\omega + \cos\Omega\sin\omega\cos i & -\sin\Omega\sin\omega + \cos\Omega\cos\omega\cos i & -\cos\Omega\sin i \\ \sin\omega\sin i & \cos\omega\sin i & \cos i \end{bmatrix}$$

(12.14)

即

$$r = c r_p$$ (12.15)

$$v = c v_p$$ (12.16)

为了创建神经网络,我们将观察倾角 $i = 0$,以及升交点赤经 $\Omega = 0$ 的轨道。变换矩阵约简为绕 z 轴旋转。

$$c = \begin{bmatrix} \cos\omega & -\sin\omega & 0 \\ \sin\omega & \cos\omega & 0 \\ 0 & 0 & 1 \end{bmatrix}$$

(12.17)

现在我们要在时间上向前传播轨道,有两种方法可供选择。一种方法是使用开普勒传播:保持 5 个元素取值恒定,然后简单地以 $n = \sqrt{u/a^3}$ 的恒定速率将平近点角向前推进。在每个时间点上,把这 6 个轨道元素的集合转换成一个新的位置和速度。然而,此方法受到限制,因为它假定轨道遵循开普勒轨道(唯一的外部焦点是质量均匀分布的中心物体的引力)。第二种方法则更具有灵活性,对于像推力和阻力这样的外力,则是对运动的动态方程进行数值积分。其轨道传播的状态方程为

$$\dot{v} = -\mu \frac{r}{|r|^3} + a$$ (12.18)

$$\dot{r} = v$$ (12.19)

速度导数方程右侧的项是具有附加加速度 a 的点质量重力加速度,可在 RHSOrbit 中实现。

```
1  function xDot = RHSOrbit(~,x,d)
2
3  r    = x(1:2);
4  v    = x(3:4);
5  xDot = [v;-d.mu*r/(r'*r)^1.5 + d.a];
```

我们将创建一个模拟多个轨道的脚本。仿真将使用脚本 RHSOrbit。轨道生成脚本的第一部分设置随机轨道元素。

Orbits.m

```
1   %% Generate Orbits for angles-only element estimation
2   % Saves a mat-file called OrbitData.
3   %% See also
4   % El2RV, RungeKutta, RHSOrbit, TimeLabel, PlotSet
5
6   nEl   = 500;              % Number of sets of data
7   d     = struct;           % Initialize
8   d.mu  = 3.98600436e5;     % Gravitational parameter, km^3/s^2
9   d.a   = [0;0];            % Perturbing acceleration
10
11  % Random elements
12  e     = 0.6*rand(1,nEl);                % Eccentricity
13  a     = 8000 + 1000*randn(1,nEl);       % Semi-major axis
14  M     = 0.25*pi*rand(1,nEl);            % Mean anomaly
```

12.3 节将运行模拟并保存角度参数值。每次仿真有 2000 个步骤,每个步骤使用 2s 时间。我们仅使用 1/10 的点来确定轨道。保存用于测试神经网络的轨道元素。我们没有应用任何外部加速。我们本可以使用开普勒传播,但是通过模拟轨道,可以选择研究神经网络在干扰情况下的表现。

```
1   % Set up the simulation
2   nSim  = 2000; % Number of simulation steps
3   dT    = 2; % Time step
4
5   % Only use some of the sim steps
6   jUse  = 1:10:nSim;
7
8   % Data for Deep Learning
9   data  = cell(nEl,1);
10
11  %% Simulate each of the orbits
12  x     = zeros(4,nSim);
13  t     = (0:(nSim-1))*dT;
14  el(nEl) = struct('a',7000,'e',0); % initialize struct array
15
16  for k = 1:nEl
17    [r,v] = El2RV([a(k) 0 0 0 e(k) M(k)]);
18    x     = [r(1:2);v(1:2)];
19    xP    = zeros(4,nSim);
20    for j = 1:nSim
21      xP(:,j) = x;
22      x       = RungeKutta( @RHSOrbit, 0, x, dT, d );
23    end
24    data{k}   = atan2(xP(2,jUse),xP(1,jUse));
25    el(k).a   = a(k);
26    el(k).e   = e(k);
27  end
```

脚本的最后一部分代码绘制了轨道,并将数据保存到文件中。

```
1  %% Save for the Deep Learning algorithm
2  save('OrbitData','data','el');
```

最后一个轨道如图 12.4 所示。角度测量值的"跳跃"(陡降现象)是由于角度是在−π～+π 定义的,可以用 unwrap 函数来避免这种"跳跃"。我们仅测量了部分轨道,可以设置仿真以测量轨道的任何部分,甚至多个轨道。

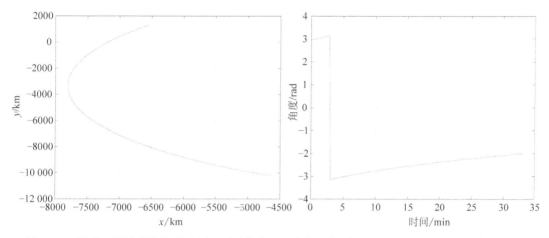

图 12.4 最后一个测试轨道(仿真测量到的角度展示在右图中,这里只展示了用于确定轨道的数据)

12.3 训练和测试

12.3.1 问题

我们想要构建一个深度学习系统,以通过角度测量值来计算轨道的偏心率和半长轴。

12.3.2 解决方案

轨道的历史数据是多个角度参数的时间序列数据。我们将以均匀的时间间隔来获取角度,并使用 fitnet 函数来拟合数据。

12.3.3 运行过程

从 mat 文件中加载数据,并将其分离为训练和测试集。

OrbitNeuralNet.m

```
1  %% Train and test the Orbit Neural Net
2  %% See also:
3  % Orbits, fitnet, configure, train, sim, cascadeforwardnet,
     feedforwardnet
```

```
4
5   s        = load('OrbitData');
6   n        = length(s.data);
7   nTrain   = floor(0.9*n);
8
9   %% Set up the training and test sets
10  kTrain   = randperm(n,nTrain);
11  sTrain   = s.data(kTrain);
12  nSamp    = size(sTrain{1},2);
13  xTrain   = zeros(nSamp,nTrain);
14  aMean    = mean([s.el(:).a]);
15
16  for k = 1:nTrain
17    xTrain(:,k) = sTrain{k}(1,:);
18  end
19
20  elTrain     = s.el(kTrain);
21  yTrain      = [elTrain.a;elTrain.e];
22  yTrain(1,:) = yTrain(1,:)/aMean;
23  % Normalize the data so it is the same magnetic as the eccentricity
24  kTest       = setdiff(1:n,kTrain);
25  sTest       = s.data(kTest);
26  nTest       = n-nTrain;
27  xTest       = zeros(nSamp,nTest);
28  for k = 1:nTest
29    xTest(:,k) = sTest{k}(1,:);
30  end
31
32  elTest      = s.el(kTest);
33  yTest       = [elTest.a;elTest.e];
34  yTest(1,:)  = yTest(1,:)/aMean;
```

神经网络将使用角度参数的时间序列数据及其相关时间作为输入。输出将是两个轨道元素（参数）：半长轴和偏心率。一般而言，如果知道轨道上某一点的位置和速度，那么我们总能计算出轨道元素，这是用 El2RV 函数做到的。虽然我们不直接测量速度，但是可以通过对位置测量值做差分来近似估计速度值。对于纯角度测量，我们没有一个具体的测量范围。问题是，神经网络能从角度随时间的变化中推断出角度的范围吗？

我们用 fitnet 函数来训练网络。注意，我们对半长轴进行了归一化处理，使其大小的数量级与偏心率相同，这有助于网络拟合。

```
1   %% Train the network
2   net      = fitnet(10);
3
4   net      = configure(net, xTrain, yTrain);
5   net.name = 'Orbit';
6   net      = train(net,xTrain,yTrain);
```

使用测试数据来测试网络：

```
1  %% Test the network
2  yPred        = sim(net,xTest);
3  yPred(1,:)   = yPred(1,:)*aMean;
4  yTest(1,:)   = yTest(1,:)*aMean;
5  yM           = mean(yPred-yTest,2);
6  yTM          = mean(yTest,2);
7  fprintf('\nFit Net\n');
8  fprintf('Mean semi-major axis error %12.4f (km) %12.2f %%\n',yM(1),100*
       abs(yM(1))/yTM(1));
9  fprintf('Mean eccentricity   error %12.4f      %12.2f %%\n',yM(2),100*
       abs(yM(2))/yTM(2));
10 %% Plot the results
11 yL = {'a' 'e'};
12 yLeg = {'Predicted','True'};
13 PlotSet(1:nTest,[yPred;yTest],'x label','Test','y label',yL,...
14 'figure title','Predictions using Fitnet','plot set',{[1 3] [2 4]},...
15 'legend',{yLeg yLeg});
```

fitnet 的结果最好。但是，每次运行的结果都会有所不同。

```
1  >> OrbitNeuralNet
2  >> OrbitNeuralNet
3
4  Fit Net
5  Mean semi-major axis error     31.9872 (km)      0.41 %
6  Mean eccentricity     error     0.0067            2.48 %
7
8  Cascade Forward Net
9  Mean semi-major axis error    -89.8603 (km)      1.15 %
10 Mean eccentricity     error    -0.0100            3.74 %
11
12 Feed Forward Net
13 Mean semi-major axis error     40.2986 (km)      0.52 %
14 Mean eccentricity     error     0.0001            0.03 %
```

测试结果如图 12.5、图 12.6 和图 12.7 所示，半长轴和偏心率结果都相当好。读者也可尝试使用不同的数据跨度以及不同的采样间隔，代码在脚本 OrbitNeuralNet.m 中。

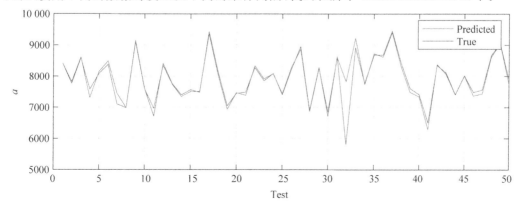

图 12.5 使用 fitnet 的测试结果

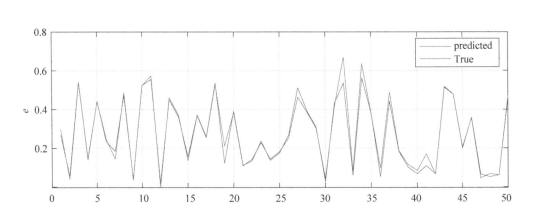

图 12.5 （续）

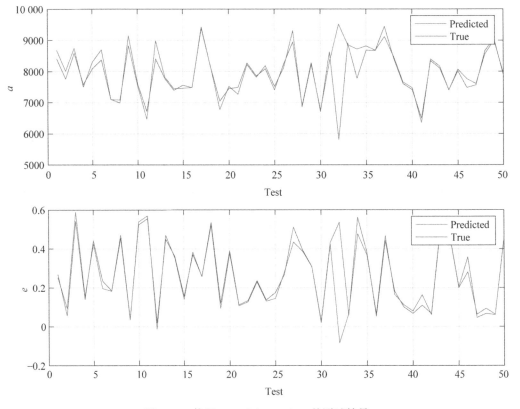

图 12.6 使用 cascadeforwardnet 的测试结果

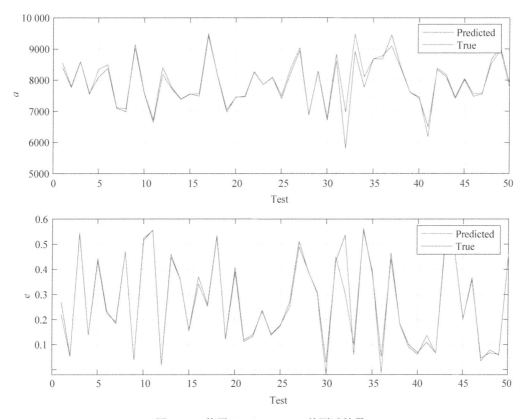

图 12.7 使用 feedforwardnet 的测试结果

我们使用 cascadeforwardnet 训练网络。除函数名外, 代码没什么变化。

```
1   %% Train the cascade forward network
2   net       = cascadeforwardnet(10);
3
4   net       = configure(net, xTrain, yTrain);
5   net.name  = 'Orbit';
6   net       = train(net,xTrain,yTrain);
```

我们最终使用 feedforwardnet 对其进行了训练。

```
1   %% Train the feed forward network
2   net       = feedforwardnet(10);
3
4   net       = configure(net, xTrain, yTrain);
5   net.name  = 'Orbit';
6   net       = train(net,xTrain,yTrain);
```

12.4 实现一个 LSTM 网络

12.4.1 问题

我们要建立一个长短期记忆神经网络(LSTM)来估计轨道参数(元素)。LSTM 已经在前面的章节中进行了演示,它们是前面所示函数的替代选择。

12.4.2 解决方案

轨道历史数据是角度参数的时间序列数据。我们将使用双向 LSTM 拟合数据,并以均匀的时间间隔获取角度。

12.4.3 运行过程

从 mat 文件中加载数据,并将其分为训练集和测试集。数据格式不同于前馈网络。xTrain 是一个元胞数组(matlab 的 cell array),但是 yTrain 是一个只有一行的矩阵,每个分量值对应 xTrain 中的一条训练数据。

OrbitLSTM. m

```
1   %% Script to train and test the Orbit LSTM
2   % It will estimate the orbit semi-major axis and eccentricity from a time
3   % sequence of angle measurements.
4   %% See also
5   % Orbits, sequenceInputLayer, bilstmLayer, dropoutLayer,
        fullyConnectedLayer,
6   % regressionLayer, trainingOptions, trainNetwork, predict
7
8   s           = load('OrbitData');
9   n           = length(s.data);
10  nTrain      = floor(0.9*n);
11
12  %% Set up the training and test sets
13  kTrain      = randperm(n,nTrain);
14  aMean       = mean([s.el(:).a]);
15  xTrain      = s.data(kTrain);
16  nTest       = n-nTrain;
17
18  elTrain     = s.el(kTrain);
19  yTrain      = [elTrain.a;elTrain.e]';
20  yTrain(:,1) = yTrain(:,1)/aMean;
21  kTest       = setdiff(1:n,kTrain);
22  xTest       = s.data(kTest);
23
24  elTest      = s.el(kTest);
25  yTest       = [elTest.a;elTest.e]';
26  yTest(:,1)      = yTest(:,1)/aMean;
```

使用 trainNetwork 训练网络：

```
1   %% Train the network with validation
2   numFeatures      = 1;
3   numHiddenUnits1  = 100;
4   numHiddenUnits2  = 100;
5   numClasses       = 2;
6
7   layers = [ ...
8       sequenceInputLayer(numFeatures)
9       bilstmLayer(numHiddenUnits1,'OutputMode','sequence')
10      dropoutLayer(0.2)
11      bilstmLayer(numHiddenUnits2,'OutputMode','last')
12      fullyConnectedLayer(numClasses)
13      regressionLayer]
14
15  maxEpochs = 20;
16
17  options = trainingOptions('adam', ...
18      'ExecutionEnvironment','cpu', ...
19      'GradientThreshold',1, ...
20      'MaxEpochs',maxEpochs, ...
21      'Shuffle','every-epoch', ...
22      'ValidationData',{xTest,yTest}, ...
23      'ValidationFrequency',5, ...
24      'Verbose',0, ...
25      'Plots','training-progress');
26
27  net = trainNetwork(xTrain,yTrain,layers,options);
```

options 提供验证数据（即是否需要验证数据是可选的）。注意验证数据也是用元胞数组表示。

```
1       'ValidationData',{xTest,yTest}, ...
```

我们打乱了训练数据，这通常可以改善结果，因为学习算法在每个 epoch（把训练数据全部遍历一次称为一个 epoch）可以按不同的顺序查看数据。我们使用测试数据来测试网络，predict 函数根据测试数据生成结果。在学习过程中用于验证的数据相同，测试数据和学习期间用于验证的数据相同。

结果如下：

```
1   >> OrbitLSTM
2   layers =
3     6x1 Layer array with layers:
4
5        1   ''   Sequence Input      Sequence input with 1 dimensions
6        2   ''   BiLSTM              BiLSTM with 100 hidden units
7        3   ''   Dropout             20% dropout
8        4   ''   BiLSTM              BiLSTM with 100 hidden units
9        5   ''   Fully Connected     2 fully connected layer
```

```
10        6  ''    Regression Output    mean-squared-error
11
12   biLSTM
13   Mean semi-major axis error        -63.4780 (km)
14   Mean eccentricity    error         0.0024
```

我们使用两个 BiLSTM 层,层间的 Dropout(一种正则化技术)比例为 20%。Dropout 删除一部分神经元,有助于防止过拟合。过拟合是指结果和一组特定数据集的关联过于紧密,这会使已训练网络很难识别新数据中的模式。第一个 BiLSTM 层产生一个序列作为其输出;第二个 BiLSTM 层的"OutputMode"被设置为"last";numClasses 参数(类别数)设置为 2,因为我们要估计两个参数。全连接层将两个 BiLSTM 层的输出连接到我们想要在回归层中识别的两个参数。训练窗口如图 12.8 所示,由于均方根误差(RMSE)仍在改善(减小),所以我们其实还可以继续训练更多个 epoch。

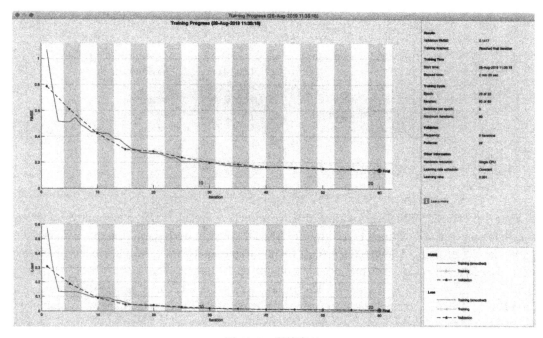

图 12.8　训练窗口

我们搭建这组特殊的层只是为了向读者展示如何构建一个神经网络,它绝不是解决此问题的最佳架构,我们还测试了单个 LSTM 层和单个 BiLSTM 层,它们的效果都比这组特殊的层结构更好。

测试结果如图 12.9 所示,结果不如先前的前馈网络好。但我们仅使用了两层,在第 11 章,那些"更专业"的网络可以有几十层甚至数百个层,所以差异是由于 LSTM 中神经元的数量较少,读者可以用此网络做实验(增加神经元数目或者层数)来改善结果。

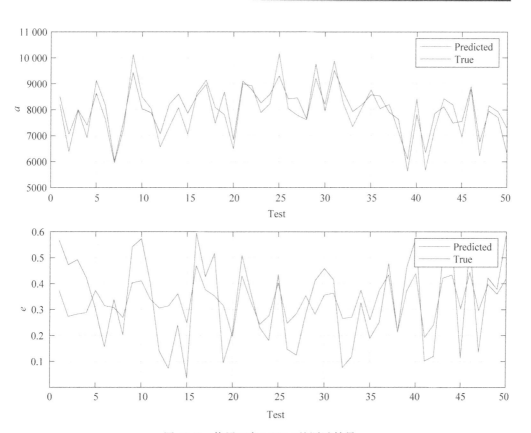

图 12.9 使用双向 LSTM 的测试结果

本章中,我们用 MATLAB 比较了两种求解定轨问题的方法。使用 MATLAB 的函数比我们实现的 LSTM 更好一些。我们把近地点参数看作常数,使问题变得更简单。下一步要做的是尝试找到完整的轨道元素(即包括近地点参数),然后尝试设计在地球上一个固定点工作的轨道测定系统。在后一个任务中,我们需要考虑地球的自转。另一个改进方向是:以不同的时间步长进行测量。对于椭圆轨道,在近地点进行多次测量要比在远地点更有效率,因为航天器的移动速度更快。可以编写一个预处理器,根据角度相对于时间的变化来选择神经网络的输入。使用算法方法的轨道确定系统还可以计算观察者所在位置的误差。读者也可以尝试其他测量方法,如范围和范围率,这些测量用于深空和地球同步航天器。

12.5 圆锥截面

对于给定的椭圆和圆锥,我们需要求解切出圆锥的平面(截面)的中心位置及截面的角度,这个问题可以在 zy 平面中解决。如图 12.10 所示,椭圆方程为

$$\frac{x^2}{a^2} + \frac{y^2}{b^2} = 1 \tag{12.20}$$

直立圆锥(正圆锥)的方程为

$$x^2 + y^2 = \gamma^2 z^2 \tag{12.21}$$

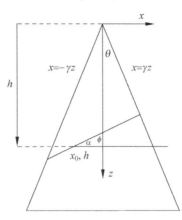

图 12.10　圆锥截面

其中,$r = \cos\theta$,θ 为圆锥半角。这只是说在位置 z 处的圆锥半径为 rz。平面的方程为

$$z = h \tag{12.22}$$

即对于所有 x 和 y,z 都是常数。如果将其绕 y 轴旋转 α 角度,然后将其平移 x_0,则将得到圆锥的方程式。平面与圆锥相交则得到了椭圆。b 沿着 y 轴,切割圆锥的平面(截面)与 xy 平面之间的角度为 α,且 α 是 a,b 和圆锥半角 θ 的函数,以下等式是 $\theta = \pi/4$ 时的情况:

$$\tan^2\alpha = 1 - \frac{b^2}{a^2} \tag{12.23}$$

注意:

$$\phi = \frac{\pi}{2} - \alpha \tag{12.24}$$

截面与圆锥半角为 $\pi/4$ 的圆锥的垂直线之间的关系为

$$\phi = \frac{\pi}{2} - \operatorname{atan}\sqrt{1 - \frac{b^2}{a^2}} \tag{12.25}$$

这个圆锥体可以在平面上看到。在右边,方程是

$$x = \gamma x \tag{12.26}$$

$r = \cos\theta$,θ 为圆锥半角。在左边,

$$x = -\gamma x \tag{12.27}$$

然后,写出沿椭圆主轴的直线在三角形两边的方程。在右边,

$$x = x_0 + a\cos\alpha \tag{12.28}$$

$$z = h - a\sin\alpha \tag{12.29}$$

$\alpha = \pi/2 - \varphi$。在左边，

$$x = x_0 - a\cos\alpha \tag{12.30}$$

$$z = h + a\sin\alpha \tag{12.31}$$

代入圆锥的方程，则可以得到

$$\begin{bmatrix} 1 & -\gamma \\ 1 & \gamma \end{bmatrix} \begin{bmatrix} x_0 \\ h \end{bmatrix} = a \begin{bmatrix} -\gamma\sin\alpha - \cos\alpha \\ \cos\alpha - \gamma\sin\alpha \end{bmatrix} \tag{12.32}$$

下面是求解这些公式的代码，其实也可用解析法来求逆矩阵，因为它是 2×2 的。

ConicSectionEllipse.m

```
1  function [h,phi,x] = ConicSectionEllipse(a,b,theta)
2
3  if( nargin < 1 )
4    [h, phi, y] = ConicSectionEllipse(2,1,pi/4);
5    fprintf('h   = %12.4f\n',h);
6    fprintf('phi = %12.4f (rad)\n',phi);
7    fprintf('x   = %12.4f\n',y);
8    clear h
9    return
10 end
11
12 phi   = pi/2 - atan(sqrt(1-b^2/a^2));
13
14 alpha = pi/2 - phi;
15 c     = cos(alpha);
16 s     = sin(alpha);
17 gamma = cos(theta);
18 f     = a*[-gamma*s - c;c - gamma*s];
19 q     = [1 -gamma;1 gamma]\f;
20 x     = q(1);
21 h     = q(2);
```

参 考 文 献

[1] Imagenet classification with deep convolutional neural networks. Technical report.

[2] M. M. M. Al-Husari, B. Hendel, I. M. Jaimoukha, E. M. Kasenally, D. J. N. Limebeer, and A. Portone. Vertical stabilisation of Tokamak Plasmas. In *Proceedings of the 30th Conference on Decision and Control*, December 1992.

[3] Shaojie Bai, J. Zico Kolter, Vladlen Koltun. An Empirical Evaluation of Generic Convolutional and Recurrent Networks for Sequence Modeling. *arXiv*, April 2018.

[4] Ilker Birbil, Shu-Chering Fang. An electromagnetism-like mechanism for global optimization. *Journal of Global Optimization*, 25:263-282, 03 2003.

[5] Christopher M. Bishop. *Pattern Recognition and Machine Learning*. Springer, 2006.

[6] Leon Bottou, Frank E. Curtis, and Jorge Nocedal. Optimization methods for large-scale machine learning. *SIAM Review*, 60:223-311, 2016.

[7] A. Bryson, Y. Ho. *Applied Optimal Control*. Hemisphere Publishing Company, 1975.

[8] Barbara Cannas, Gabriele Murgia, A Fanni, et al. Dynamic Neural Networks for Prediction of Disruptions in Tokamaks. *CEUR Workshop Proceedings*, 284, 01 2007.

[9] Wroblewski D, et al. Tokamak disruption alarm based on neural network model of high-beta limit. *Nuclear Fusion*, 37(725), 11 1997.

[10] Steven R. Dunbar. Stochastic Processes and Advanced Mathematical Finance. Technical report, University of Nebraska-Lincoln.

[11] Pablo Ramon Escobal. *Methods of Orbit Determination*. Krieger Publishing Company,1965.

[12] David Foster. *Generative Deep Learning*. O'Reilly Media, Inc., June 2019.

[13] David E. Goldberg. *Genetic Algorithms in Search, Optimization, and Machine Learning*. Addison-Wesley.

[14] S. Haykin. *Neural Networks*. Prentice-Hall, 1999.

[15] Guang-Bin Huang, Qin-Yu Zhu, Chee-Kheong Siew. Extreme learning machine: Theory and applications. *Neurocomputing*, 70(1):489-501, 2006. Neural Networks.

[16] P. Jackson. *Introduction to Expert Systems, Third Edition*. Addison-Wesley, 1999.

[17] Diederik P. Kingma and Jimmy Lei Ba. ADAM: A METHOD FOR STOCHASTIC OP TIMIZATION. 2015.

[18] Y. Liang, JET EFDA Contributors. Overview of Edge Localized Modes Control in Tokamak Palsama. Technical Report Preprint of Paper for Fusion Science and Technology, JET-EFDA.

[19] A. J. Lockett, R. Miikkulainen. Temporal convolutional machines for sequence learning. Technical Report Technical Report AI-09-04.

[20] Microsoft. sentence-completion. https://drive. google. com/drive/folders/0B5eGOMdyHn2mWDYt-QzlQeGNKa2s, 2019.

[21] M. Paluszek, Y. Razin, G. Pajer, J. et al. *Spacecraft Attitude and OrbitControl: Third Edition*. Princeton Satellite Systems, 2019.

[22] G. A. Ratta，J. Vega，A. Murari. the EUROfusion MST Team，and JET Contributors. AUGJET cross-tokamak disruption predictor. In *2nd IAEA TM*，2017.

[23] L. M. Rasdi Rere，Mohamad Ivan Fanany，Aniati Murni Arymurthy. Simulated annealing algorithm for deep learning. *Procedia Computer Science*，72:137-144，2015.

[24] S. Russell，P. Norvig. *Artificial Intelligence A Modern Approach Third Edition*. Prentice-Hall，2010.

[25] Paul A. Samuelson. Mathematics of speculative price. *SIAM Review*，15(1):1-42，1973.

[26] R. O. Sayer，Y. K. M. Peng，J. C. Wesley，et al. CA General Atomics，San Diego，and NJ Princeton Univ. ITER disruption modeling using TSC (Tokamak Simulation Code). 11 1989.

[27] Luigi. Scibile. *Non-linear control of the plasma vertical position in a tokamak*. PhD thesis，University of Oxford，1997.

[28] Richard Socher. *Recursive Deep Learning for Natural Language Processing and Computer Vision*. PhD thesis，August 2014.

[29] Stephanie Thomas，Michael Paluszek. *MATLAB Machine Learning*. Apress，2017.

[30] Stephanie Thomas，Michael Paluszek. *MATLAB Machine Learning Recipes：A problem-Solution Approach*. Apress，2019.

[31] Geoffrey Zweig，Chris J. C. Burges. The microsoft research sentence completion challenge. Technical Report MSR-TR-2011-129，December 2011.

中英文术语对照表

A

飞行器模型 Aircraft model

算法深度学习神经网络 Algorithmic Deep Learning Neural Network（ADLNN）

空气涡轮 air turbine

空气涡轮模拟 AirTurbineSim. m

算法过滤/估计器 Algorithmic filter/estimator

压力调节器输入 pressure regulator input

B

双向长短期记忆 Bidirectional long short-term memory（biLSTM）

C

相机模型 Camera model

分类函数 Classify function

商业软件 Commercial software

卷积网络 Convolutional network

层类型 layer types

批标准化层 batch Normalization Layer

分类层 classification Layer

二维卷积层 convolution 2d Layer

全连接层 fully Connected Layer

图像输入层 image Input Layer

二维化最大池层 max Pooling 2d Layer

整流线性单元层 relu Layer

SoftMax 层，softmax Layer

单层，窗口，one-set，window

结构化 structuring

卷积神经网络 Convolutional neural networks（CNN）

卷积过程 Convolution process

交叉熵损失 Cross-entropy loss

D

舞者模拟 Dancer simulation

数据结构 data structure

双旋转，模拟 double pirouette，simulation of

线性加速度 linear acceleration

参数 parameters

数据采集 Data acquisition CUI

数据采集系统 Data acquisition system

日光检测器 Daylight detector

深度学习系统应用 Deep learning system applications

    相机模型,建筑 camera model,building

    数据 data

    定义 defined

    检测滤波器 detection filter

    历史 history

    网络 network

    方向 orientation

    类型 types

深度学习工具箱 Deep Learn Toolbox

深度神经网络 Deep Neural Network

空气涡轮过滤器检测,故障 Detection filter air turbine,failures

    检测滤波器脚本 DetectionFilter. m

    复位动作 reset action

    比增益矩阵 specific gain matrix

    时间常数 time constant

抗磁性能量 Diamagnetic energy

E

边缘局部化模式 Edge localized mode（ELM）

椭圆和圆生成的图像 Ellipses and circles generate images

椭圆和圆训练和测试 Ellipses and circles(cont.) train and test

极限学习机 Extreme learning machine(ELM)

欧拉方程 Euler's equation

异或 Exclusive-or（XOR）

    激活函数 activation function

    前馈网 feedforwardnet

    高斯噪声 Gaussian noise

    图形用户界面 GUI

    隐藏层 hidden layers

    平均输出误差 mean output error

    网络训练直方图 network training histogram

        性能 performance

        状态 state

    神经网络 neural net

    回归 regression

    神经网络层传递函数 tansig

    真值表和解决方案网络 truth table and solution networks

    权重、展开 weights,expand